AutoCAD 2020中文版

室内设计从入门到精通

缪丁丁　陈城◎编著

化学工业出版社

·北京·

内 容 简 介

本书是作者畅销破百万元的 CAD 室内设计课程的精华，结合作者抖音 150 多万粉丝喜欢的 CAD 技能、学习中的难点和痛点，编著的一本室内家装与工装设计的教程。

本书全面介绍了 AutoCAD 室内设计的各种核心功能与操作技法，从基础的 CAD 绘图工具开始讲起，再具体到图层、引线、标注尺寸的设置，书中对 CAD 的经典"网红"插件——源泉设计，也进行了详细的技术讲解，帮助大家快速绘制出全套家装与工装设计图纸，从入门到精通 AutoCAD 室内设计。

本书结构清晰、语言简洁，特别适合 AutoCAD 的初、中级读者，特别是想学习室内设计的读者，对环境设计、建筑设计人员等有较高的参考价值，同时也可作为高等院校相关专业师生、室内设计培训班学员、室内装潢爱好者与自学者的学习参考书。

图书在版编目（CIP）数据

AutoCAD室内设计从入门到精通／缪丁丁，陈城编著.
—北京：化学工业出版社，2020.9（2023.2 重印）
ISBN 978-7-122-37162-1

Ⅰ.①A… Ⅱ.①缪… ②陈… Ⅲ.①室内装饰设计—计算机辅助设计—AutoCAD软件 Ⅳ.①TU238.2-39

中国版本图书馆CIP数据核字（2020）第094389号

责任编辑：李 辰 孙 炜　　　　　　封面设计：王晓宇
责任校对：宋 夏　　　　　　　　　　装帧设计：盟诺文化

出版发行：化学工业出版社 （北京市东城区青年湖南街 13 号 邮政编码 100011）
印　　装：北京建宏印刷有限公司
787mm×1092mm 1/16 印张17¾ 字数400千字 2023年2月北京第1版第3次印刷

购书咨询：010-64518888　　　　　　售后服务：010-64518899
网　　址：http://www.cip.com.cn
凡购买本书，如有缺损质量问题，本社销售中心负责调换。

定　　价：99.00元

这本书，作者由浅到深，层层递进地讲解了 CAD 的核心技能与绘图技法，从实践中来，到实践中去，是本书最大的亮点，就像丁丁老师一样实诚！

安勇 教授，硕士生导师，湖南省设计艺术家协会副主席，湖南省室内装饰协会副会长，湖南中诚设计装饰工程有限公司董事、总设计师

作为我们平台的优质作者，丁丁老师的 CAD 课程一路畅销，受到了广大学生的喜爱，对于初学者是一本入门级必备教材，我推荐给大家！

尤越 今日头条专栏运营

丁丁老师的 CAD 课程对于学员来说，是很好的初学入门到实操的教程，口碑一直不错，本书内容结合视频学习，一定会更加提升学习效果和效率！

王丽 爱奇艺教育运营总监

作为虎课室内版块的优质讲师，丁丁老师课程制作精良，讲解深入浅出，深受学生好评。希望丁丁老师可以一直输出更多、更好的课程内容，继续让更多学生受益。

虎课网

丁丁老师作为腾讯微视的优质"知识自媒体"创作者，用过硬的 CAD 专业技巧让众多学员一路成长。如果你也想更简单、更高效地学习 CAD 技能，丁丁老师是一个不错的选择。

叶佳丽　腾讯微视 MCN 运营

CAD 软件应用是设计的基础必修课，缪丁丁老师将 CAD 体系抽丝剥茧，用直白、易懂的表达方式呈现给广大学习者，帮助大家事半功倍地学习它。本书降低了系统学习 CAD 的门槛，让学习者快速、高效地掌握 CAD 室内设计的应用方法。

袁元元　张家界都市网总监

从不曾奢望过有一天我能参与图书的编撰工作，直到我加入到丁丁老师的团队，让这种不可能也变成了可能。我深知这种机遇的来之不易，深知撰写书籍、制作教程的艰辛，但坚强的我们还是成功了。

郑正军　设计师、吉大教育设计总监

在我工作和学习的 3 年里，能感受到丁丁老师的虚心、热心和耐心，他广泛听取学生意见并及时反馈信息，做到及时修改和调整自己的教学模式。这是一本站在听课学生的角度去创作的体系课程，受益匪浅。

贾闽龙　设计师、吉大教育运营总监

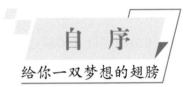

初识 CAD，你是一个什么样的体验？

自从大二进学校设计机房，第一次接触 CAD，对我的认知有着巨大的颠覆，最初对于房屋建筑上的图纸设计，我一直以为是手工画出，然后通过计算机美术工具进行临摹，随后打印。但是当我用 CAD 画出第一个作业——中国结，我开始觉得这个东西"好玩"了，感觉到了它的神奇。

我知道，我注定要和这个名为"计算机辅助设计"的软件结缘了。当然，CAD 的魅力和神奇，可不止几句话就能概括的。CAD 的学习更多的是要靠你对计算机绘图逻辑的理解，这就像是一个箱子，没有钥匙是打不开的，而这本书正是那个打开箱子的钥匙。

我是缪丁丁，80 后，毕业于吉首大学环境艺术设计系，自己从最初的一位无知少年变为现在仍处于一线的室内设计师，工作长达十余年，时间说快不快说慢不慢，感觉一切来得刚刚好。近年来，趁着"互联网+"的大风，跨界进入在线教育，创业虽然有各种不易，但坚持总会有收获，课程曾经在 51CTO 学院销量排名第一（室内设计类），我也是勤学网、虎课网的签约讲师，2019 年更是通过抖音成了百万粉丝的"网红大 V"，而这些所谓"荣誉"的获得，都离不开这位"朋友"——CAD。

一、打开设计的大门

对于学环境艺术设计、室内设计等设计类专业的同学们，以及从事设计的工作者来说，本书及配套视频教程将是打开你们设计之路的第一步，也是极为重要的一步。通过掌握 CAD 的实用技能，将大大提高你们在毕业时的就业竞争力。

本书及配套视频几乎可以让任何一位零基础的新手都能快速入门 CAD 室内设计，也希望你们能够在工作中充分利用好这款"设计神器"，提高设计技能和效率，提升职场竞争力。

二、给你一双梦想的翅膀

现在各大设计公司都在使用 CAD，学生们在毕业后参加双选招聘会时，CAD 的能力更是你选择别人的前提。因为工作原因，我面试过，也带过不少实习生，我发现他们普遍都在 CAD 制图上不够规范，没有真正理解如何绘制一套完整的施工图。

基于此，这本书要解决的不仅仅是使用 CAD 软件的熟练操作，还要传授软件之外的室内设计施工工艺、装饰材料方案设计等要点。当然，本书中经典"网红"插件——源泉设计的高效绘图也是一大亮点。所以，无论你是一名求职者，还是一名即将毕业的学生，这本书都能给你的设计师梦想插上一双翱翔的翅膀。

三、学习之路不孤独

对于初学者，首先是对自己要有充分的信心，这本书在内容安排上是从零基础入门（软件的安装开始），逐步进阶，难易适中，配有全套的视频教程，学习并不会枯燥吃力，也给大家准备了学习交流群，群内的学习资料也会是"干货"满满，群内更有师哥、师姐相伴，让你的设计学习之路不孤独。购买本书的朋友，可以加我微信：252860325，凭购买截图加入吉大设计教育 VIP 学员 QQ 群，获取更多的学习资料。

四、感谢

有太多的话无法和您一一道来，更多的话还是留在书中与您讲述。感谢您选择了这本书，感谢您选择了我，今后我们的成长，就从翻开这本书的第一页开始。我们将会看到丰富的内容、丰富的专业知识及各种操作技能的运用。所以，跟我一起踏上设计的学习之旅吧，让我做您第一个 CAD 老师！本书在编写过程中，还得到了郑正军、贾闽龙的帮助，在此一并感谢。

最后，感谢您打开了这本书，也祝愿您成为自己想要成为的那个人。

缪丁丁

2020 年 5 月

目　录

第 1 章
AutoCAD 2020 软件入门

AutoCAD 2020 是由美国 Autodesk 公司推出的 AutoCAD 的最新版本，是目前市场上最流行的计算机辅助绘图软件之一。随着 AutoCAD 软件功能的日渐强大，并且具有易于掌握、使用方便及体系结构开放等优点，使其不仅在建筑、室内装潢、机械、石油、土木工程和产品造型等领域得到了大规模的应用，同时还在广告、气象、地理和航海等特殊领域开辟了广阔的市场。本章将向读者介绍 AutoCAD 2020 的基础知识。

- 了解室内图形的制图规范
- 熟知室内装潢的设计原则
- 掌握室内装潢设计的制图内容
- 认识 AutoCAD 2020 的特点及软件界面
- 安装 AutoCAD 2020 软件
- 设置 AutoCAD 2020 软件
- 认识 CAD 的常用视图工具
- 掌握 CAD 的一些快捷键操作

扫描二维码观看本章教学视频

1.1 了解室内图形的制图规范

室内设计是人类创造更好的生存和生活环境条件的重要活动，它通过运用现代的设计原理进行"适用、美观"的设计，使空间更加符合人们的生理和心理的需求，同时也促进了社会中审美意识的普遍提高，从而不仅对社会的物质文明建设有着重要的促进作用，而且，对于社会的精神文明建设也有了潜移默化的积极作用。

室内设计制图多沿用建筑制图的方法和标准。但室内设计图样又不同于建筑图，因为室内设计是室内空间和环境的再创造，空间形态千变万化、复杂多样，其图样的绘制有其自身的特点。本节主要介绍室内图形有关的制图规范等内容。

1.1.1 常用图幅及格式

为了使图纸整齐，便于装订和保管，国家标准对建筑工程及装饰工程的幅面做了规定。应根据所画图样的大小来选定图纸的幅面及图框尺寸，幅面及图框尺寸应符合表 1-1 所示的规定。

表 1-1 幅面及图框尺寸（单位：mm）

幅面代号	A0	A1	A2	A3	A4	A5
B（宽）×L（长）	841×1189	594×841	420×594	297×420	210×297	148×210
a	25					
c	10			5		
e	20			10		

B 和 L 分别代表图幅长边和短边的尺寸，其短边与长边之比为 1：1.4，a、c、e 分别表示图框线到图纸边线的距离。图纸以短边作垂直边称为横式，以短边作水平边称为立式。一般 A1 ~ A3 图纸宜横式，必要时，也可立式使用。单项工程中每个专业所用的图纸，不宜超过两种幅面。目录及表格所采用的 A4 幅面，可不在此限。

如果有特殊需要，允许加长 A0 ~ A3 图纸幅面的长度，其加长部分应符合表 1-2 中的规定。

表 1-2 加长 A0 ~ A3 图纸幅面的长度（单位：mm）

幅面尺寸	长边尺寸	长边加长后尺寸
A0	1189	1486、1635、1783、1932、2080、2230、2378
A1	841	1051、1261、1471、1682、1892、2102
A2	594	743、891、1041、1189、1338、1486、1635、1783、1932、2080
A3	420	743、891、1041、1189、1338、1486、1635、1783、1932、2080

1.1.2 制图线型要求

工程图样，主要采用粗、细线和线型不同的图线来表达不同的设计内容，并用以分清主次。因此，熟悉图线的类型及用途，掌握各类图线的画法是室内装饰制图最基本的技术。下面介绍线型的种类和用途。

为了使图样主次分明、形象清晰，建筑装饰制图采用的图线分为实线、虚线、点画线、折断线、波浪线等几种；按线宽度不同又分为粗、中、细 3 种。

·对于表示不同内容的图线，其宽度（称为线框）b 应在下列线框系列中选取：

0.18、0.25、0.5、0.7、1.0、1.4、2.0（mm）

画图时，每个图样应根据复杂程度与比例大小，先确定基本线框 b 后，中粗线 0.5b 和细线 0.35b 的线框也随之而定。

·在同一张室内图纸内，相同比例的图样，应选用相同的线宽组，同类线应粗细一致。

·相互平行的图线，其间隔不宜小于其中的粗线宽度，且不宜小于 0.7mm。

·虚线、点画线或双点画线的线段长度和间隔，宜各自相等。

·点画线或双点画线，在较小图形中绘制有困难时，可用实线代替。

·点画线或双点画线的两端，不应是点。点画线与点画线交接或点画线与其他图线交接时，应是线段交接，如图 1-1 所示。

·虚线与虚线交接或虚线与其他图线交接时，应是线段交接。虚线为实线的延长线时，不得与实线连接，如图 1-2 所示。

·图线不得与文字、数字或符号等重叠、混淆，不可避免时应首先保证文字的清晰。

图 1-1　**线段交接 1**　　　　　图 1-2　**线段交接 2**

1.1.3　尺寸和文字说明

在施工的时候，为了可以让施工人员明白设计人员的意图，在制作图纸的过程中都会相应地标注上尺寸和文字说明。

1. 尺寸标注

在图样中除了按比例正确地画出物体的图形外，还必须标出完整的实际尺寸，施工时应以图样上所注的尺寸为依据，与所绘图形的准确度无关，更不得从图形上量取尺寸作为施工的依据。图样上的尺寸单位，除了另有说明外，均以毫米（mm）为单位。

图样上一个完整的尺寸一般包括尺寸线、尺寸界线、尺寸起止符号、尺寸数字 4 个部分，如图 1-3 所示。

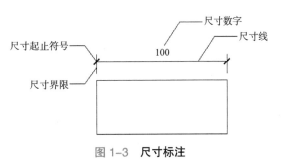

图 1-3　**尺寸标注**

2. 文字说明

在一幅完整的图样中，用图线方式表现得不充分和无法用图线表示的地方，就需要进行文字说明，如材料名称、构配件名称、构造做法、统计表及图名等。文字说明是图样内容的重要组成部分，制图规范对文字标注中的字体、字的大小及字体字号搭配方面做了具体规定。

1.1.4　常用图示标注

在室内装潢设计中，通常可以见到图示标注。

·详图索引符号：在室内平面图、立面图和剖面图中，可在需设置详图表示的部位标注一个索引符号，以表明该详图的位置，这个索引符号就是详图的索引符号。详图索引符号采用细实线绘制，A0、A1、A2 图幅索引符号的圆的直径为 12mm，A3、A4 图幅索引符号的圆的直径为 10mm，如图 1-4 所示。

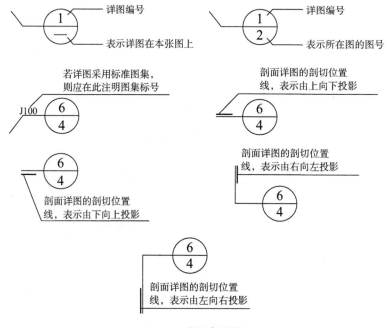

图 1-4　**详图索引符号**

·详图符号：即详图的编号，用粗实线绘制，圆的直径为 14mm，如图 1-5 所示。

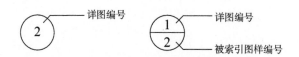

图 1-5　**详图的编号**

·引出线：引出线可用于详图及标高等符号的索引，箭头圆点直径为 3mm，圆点尺寸和引线宽度可根据图幅及图样比例调节。常见的几种引出线标注方式如图 1-6 所示。

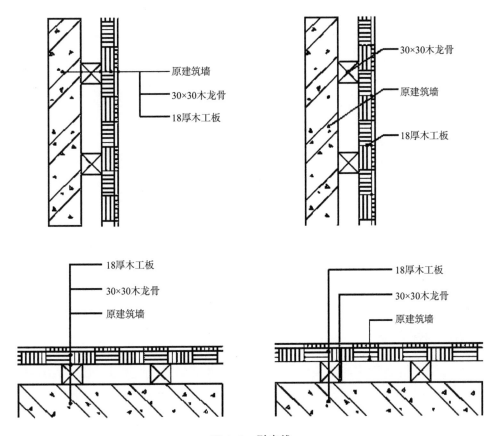

图 1-6　引出线

1.1.5　立面指向符

在房屋建筑中，一个特定的室内空间领域是由竖向分隔来界定的。因此，根据具体情况，就有可能出现绘制 1 个或多个立面来表达隔断、构配件、墙体及家具的设计情况。立面索引符号标注在平面图中，包括视点位置、方向和编号 3 个信息，用于建立平面图和室内立面图之间的联系。图中立面图编号可用英文字母或阿拉伯数字表示，黑色的箭头指向表示立面的方向，如图 1-7 所示。

图 1-7　立面指向符

1.1.6　常用材料符号

室内设计中经常应用材料图例来表示材料，在无法用图例表示的地方则采用文字注释，如表 1-3 所示。

表1-3 常用材料符号

材料图例	说明	材料图例	说明
	混凝土		钢筋混凝土
	石材		多孔材料
	金属		玻璃
	液体		砂、灰土
	木材		砖

1.1.7 常用绘图比例

比例是指图样中的图形与所表示的实物相应要素之间的线性尺寸之比。比例应以阿拉伯数字表示，写在图名的右侧，字高应比图名字高小一号或两号。一般情况下，应优先选用表1-4中的比例。

表1-4 常用绘图比例

比例类型	比例大小
常用比例	1∶1、1∶2、1∶5、1∶25、1∶100、1∶200
	1∶500、1∶1000、1∶2000、1∶5000、1∶10000
可用比例	1∶3、1∶15、1∶60、1∶150、1∶300、1∶400
	1∶600、1∶1500、1∶2500、1∶3000、1∶4000、1∶6000

1.2 熟知室内装潢的设计原则

随着社会居住文明发展进步到一定高度，室内装潢设计必然产生，它强调的是艺术同科学的和谐融合。室内装潢设计主要是运用有关艺术手段和技术来打造一种环境，目的是满足居民工作及劳动之余的文化需求及物质需求。

1. 功能性原则

功能性原则的要求是室内空间、装饰装修、物理环境及陈设绿化等应最大限度地满足功能所需，并使其与功能相和谐、统一。

任意一个室内空间在没有被人们利用之前都是无属性的，只有当人们入住之后，它才具有个体属性，如一个15m²的空间，既可以作为卧室，也可以作为书房。而赋予它不同的功能之后，设计就要围绕这一功能进行，也就是说，设计要满足功能需求。在进行室内设计时，要结合室内空间的功能需求，使室内环境合理化、舒适化，同时还要考虑到人们的活动规律，处理好空间关系、空间尺度、空间比例等，并且要合理配置陈设与家具，妥善解决室内通风、采光与照明等问题。

2. 舒适性原则

各个国家对舒适性的定义各有所异，但从整体来看，舒适的室内设计是离不开充足的阳光、清新的空气、合理的空间划分、丰富的绿地、宽阔的室外活动空间及标志性的景观等。

绿地景园是人们生活环境的重要组成部分，它不仅可以提供遮阳、隔声、防风固沙、杀菌防病、净化空气及改善小环境气候等诸多功能，还可以通过绿化来改善室内设计的形象，美化环境，满足使用者物质及精神等多方面的需要。

3. 经济性原则

广义来说，经济性原则就是以最小的消耗达到所需的目的。一项设计要想被大多数消费者所接受，必须在"代价"和"效用"之间谋求一个均衡点。但无论如何，降低成本不能以损害施工质量和效果为代价。

4. 美观性原则

爱美是人的天性。当然，美是一种随时间、空间及环境而变化的适应性极强的概念。所以，在设计中美的标准和目的也会大不相同。我们既不能因强调设计在文化和社会方面的使命及责任，而不顾及使用者需求的特点，同时也不能把美庸俗化，这需要有一个适当的平衡。

5. 安全性原则

人的安全需求包括个人私生活不受侵犯，以及个人财产和人身安全不被侵害等。所以，在室内外环境中的空间领域性划分、空间组合的处理，不仅有助于加强人与人之间的关系，而且有利于环境的安全保卫。

6. 方便性原则

根据使用者的生活习惯、活动特点采用合理的分级结构和宜人的尺度，使小空间内的公共服务半径最短，使来往的活动线路最顺畅，并且有利于经营管理，这样才能创造出良好的、方便的室内设计。

7. 个性化原则

现代室内设计是以增强室内环境的精神与心理需求为最高设计目的的。在发挥现有的物质条件和满足使用功能的同时，来实现并创造出巨大的精神价值。

8. 区域性原则

由于人们所处的地理条件存在差异，各民族生活习惯与文化传统也不一样，所以，对室内设计的要求也存在很大的差别。在设计时，应根据各个民族的地域特点、民族性格、风俗习惯及文化素养等方面的特点，采用不同的设计风格。

1.3 掌握室内装潢设计的制图内容

一套完整的室内设计图纸包括详细的施工图和完整的效果图，下面向读者进行相关的介绍，帮助读者掌握室内设计的制图内容。

1.3.1 施工图和效果图

装饰施工图完整、详细地表达了装饰结构、材料构成及施工的工艺技术要求等，是木工、油漆工及水电工等相关施工人员进行施工的依据，一般使用 AutoCAD 进行绘制。效果图是在施工图的基础上，把装修后的结果用彩色透视图的形式更好地表现出来，一般使用 3ds Max 绘制。图 1-8 所示分别为施工图和效果图。

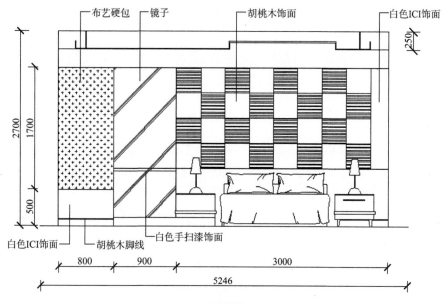

卧室立面图

图 1-8　施工图和效果图

1.3.2　施工图的分类

施工图可以分为立面图、剖面图和节点图 3 种类型。

·立面图：立面图是室内墙面与装饰物的正投影图，它标明了室内的标高；吊顶装修的尺寸及梯次造型的相互关系尺寸；墙面装饰的式样及材料和位置尺寸；墙面与门、窗、隔断的高度尺寸；墙与顶、地的衔接方式等。

·剖面图：剖面图是将装饰面剖切，以表达结构构成的方式、材料的形式和主要支承构件的相互关系等。剖面图中标注有详细的尺寸、工艺做法及施工要求等。

·节点图：节点图是两个以上装饰面的汇交点，按垂直或水平方向切开，以标明装饰面之间的对接方式和固定方式。节点图详细表现出装饰面连接处的构造，注有详细的尺寸和收口、封边的施工方法。

1.3.3　施工图的组成

一套完整的室内装潢施工图包括原始结构图、平面布置图、顶棚造型图、地面铺装图、立面结构图及电气图和给排水图等。

·原始结构图：在经过实地量房之后，设计师需要将测量结果用图纸表示出来，包括房屋结构、空间关系、相关尺寸等，利用这些内容绘制出来的图纸即为原始结构图。

·平面布置图：平面布置图是室内装潢施工图纸中至关重要的图纸，是在原始建筑结构的基础上，根据业主的需要，结合设计师的创意，同时遵循基本设计原则，对室内空间进行详细的功能划分和室内装饰的定位，从而绘制的图纸。

·顶棚造型图：顶棚造型图主要是用来表示顶棚的造型和灯具的布置，同时也反映了室内空间组合的标高关系和尺寸等，内容主要包括各种装饰图形、灯具、尺寸、标高和文字说明等。

·地面铺装图：地面铺装图是用来表示地面铺设材料的图样，包括用材和形式。地面铺装图的绘制方法与平面布置图相同，只是地面铺装图不需要绘制室内家具，只需要绘制地面所使用的材料和固定于地面的设备与设施图形。

·立面结构图：立面结构图是一种与垂直界面平行的正投影图，它能够反映垂直界面的形状、装修做法及陈设布置等，是一种非常重要的图样。

·电气图：电气图主要反映室内的配电情况，包括配电箱规格、配置、型号，以及照明、开关和插座等线路铺设和安装等。

·给排水图：给排水施工图用于描述室内给水（包括热水和冷水）和排水管道、阀门等用水设备的布置和安装情况。

1.4　认识 AutoCAD 2020 的特点及软件界面

AutoCAD 的全称为计算机辅助设计，在设计领域应用得非常广泛，使用的软件版本主要有 4 个为代表的，首先是 2000 ～ 2005 的版本，这些是 CAD 的早期版本；其次是 2006 ～ 2008 的中期版本，使用这些版本的用户人群比较多，功能和性能比较稳定；然后 2009 ～ 2015 的版本，在软件界面和颜色上，有很大的改动和升级，性能更加强大；再者是 2015 ～ 2020 的版本，2020 是目前最新的 AutoCAD 软件版本，本书也是以此版本来进行介绍的。

AutoCAD 软件有如下 4 个特点：

·涉及领域广：广泛应用于室内设计、机械制造、房地产及建筑设计等。

·功能很强大：可以绘制各种复杂的图纸，能满足大多数设计图纸的要求。

·性能很稳定：从早期的 2000 版本到 2006、2007、2008 版本，性能都比较稳定，不会出现什么软件错误的情况。

·操作很智能：CAD 的操作很容易上手，一般来说参加一个短期的速成班，基本上都能够掌握 CAD 的一些图纸绘制。

接下来，看一下 CAD 的一些作品，如家装户型图纸，如图 1-9 所示；又如我们经常见到的服装纺织产品，如图 1-10 所示。

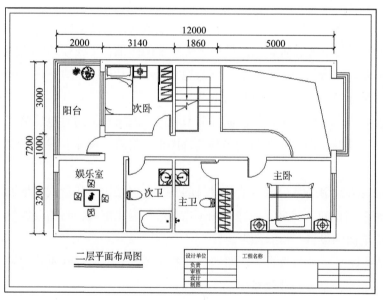

图 1-9　家装户型图纸

图 1-10　服装纺织产品

再如一些机械、零件图纸，如图 1-11 所示。

还有一些建筑外观，也是使用 AutoCAD 设计出来的，如图 1-12 所示。

下面以 AutoCAD 2020 这个版本为例，了解软件工作界面中的各组成部分。启动 AutoCAD 2020 后，在默认情况下，用户看到的是"草图与注释"工作空间，选择不同的工作空间可以进行不同的操作。图 1-13 所示为 AutoCAD 2020 的"草图与注释"工作界面。

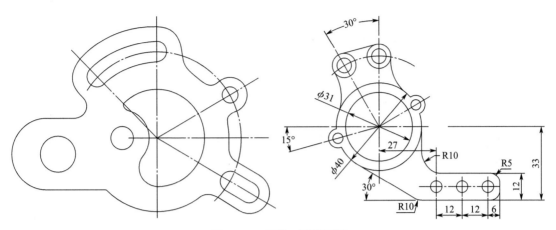

图 1-11　机械、零件图纸

图 1-12　建筑外观设计

图 1-13　"草图与注释"工作界面

AutoCAD 2020 的工作界面本身是黑色的，有利于绘制工作，但由于书本印刷的颜色问题，笔者将工作界面调成了白色，这样印刷出来的图片清晰一点，有利于读者学习使用。下面了解一下工作界面的各组成部分。

1.4.1 标题栏

标题栏位于 AutoCAD 2020 软件窗口的最上方，显示了系统当前正在运行的程序名及文件名等信息。AutoCAD 默认的图形文件的名称为 Drawing$N$.dwg（N 表示数字），第一次启动 AutoCAD 2020 时，在标题栏中将显示在启动时创建并打开的图形文件的名称 Drawing1.dwg。

标题栏中的信息中心提供了多种信息来源。在文本框中输入需要帮助的问题，单击"搜索"按钮 🔍，即可获取相关的帮助。单击"登录"按钮 👤 登录，可以登录 Autodesk Online 以访问与桌面软件集成的服务；单击"帮助"按钮 ⑦ ，可以访问帮助，查看相关信息。单击标题栏右侧按钮组 ＿ ⯐ ✕，可以最小化、最大化或关闭应用程序窗口。

1.4.2 菜单浏览器

"菜单浏览器"按钮 🅰 位于软件窗口左上方，单击该按钮，系统将弹出程序菜单，如图 1-14 所示，其中包含 AutoCAD 的功能和命令。单击相应的命令，可以创建、打开、保存、另存为、输出、发布、打印和关闭 AutoCAD 文件等。此外，程序菜单还包括图形实用工具。

图 1-14　程序菜单

1.4.3 快速访问工具栏

AutoCAD 2020 的快速访问工具栏中包含最常用的操作快捷按钮，方便用户使用。默认状态下，快速访问工具栏中包含 9 个快捷工具，分别为"新建"按钮 🗋、"打开"按钮 🗁、"保存"按钮 💾、"另存为"按钮 💾、"从 Web 和 Mobile 中打开"按钮 🖳、"保存到 Web 和 Mobile"按钮 🖫、"打印"按钮 🖨、"放弃"按钮 ⬅、"重做"按钮 ➡和"工作空间"

按钮 ，如图 1-15 所示。

图 1-15　**快速访问工具栏**

1.4.4　"功能区"选项板

"功能区"选项板是一种特殊的选项板，位于绘图区的上方，是菜单和工具栏的主要替代工具。默认状态下，在"草图与注释"工作界面中，"功能区"选项板包含"默认""插入""注释""参数化""视图""管理""输出""附加模块"和"协作"等 11 个选项卡，每个选项卡中包含若干个面板，每个面板中又包含许多命令按钮，如图 1-16 所示。

图 1-16　**"功能区"选项板**

1.4.5　绘图区介绍

软件界面中间位置的空白区域称为绘图区，也称为绘图窗口，是用户进行绘制工作的区域，所有的绘图结果都反映在这个窗口中。如果图纸比例较大，需要查看未显示的部分时，可以单击绘图区右侧与下侧滚动条上的箭头，或者拖曳滚动条上的滑块来移动图纸。

在绘图区中除了显示当前的绘图结果外，还显示了当前使用的坐标系类型、导航面板，以及坐标原点、X/Y/Z 轴方向等，如图 1-17 所示。

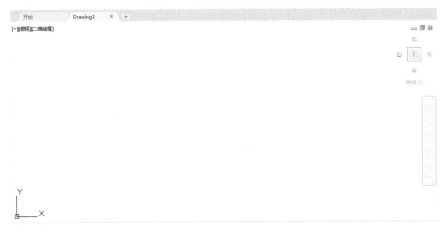

图 1-17　**绘图区**

其中，导航面板是一种用户界面元素，用户可以在其中使用相关的导航工具查看图形。

1.4.6 命令行与文本窗口

命令提示行位于绘图区的下方，用于显示提示信息和输入数据，如命令、绘图模式、坐标值和角度值等，如图 1-18 所示。

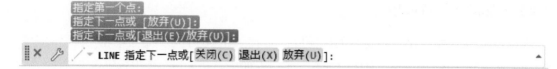

图 1-18 命令行

按【F2】键，弹出 AutoCAD 文本窗口，如图 1-19 所示，其中显示了命令提示行窗口的所有信息。

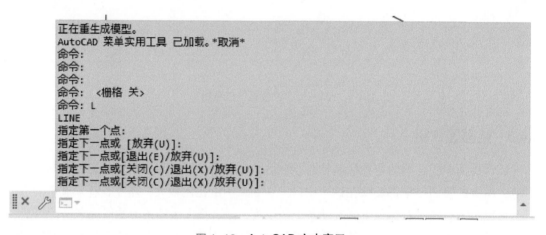

图 1-19 AutoCAD 文本窗口

文本窗口用于记录在窗口中操作的所有命令，如单击按钮和选择菜单项等。在文本窗口中输入命令，按【Enter】键确认，即可执行相应的命令。

1.5 安装 AutoCAD 2020 软件

美国 Autodesk 公司在 2019 年 3 月 27 日，正式发布了 AutoCAD 2020 简体中文版，这里需要用户注意的是，从此版本开始，Autodesk 不再发布 32 位的 AutoCAD 2020，全部都是适合 64 位系统的版本，如果你的计算机还是以前比较老旧的系统配置，那么不建议安装 AutoCAD 2020 中文版，因为老硬件会带不动新版本软件。

AutoCAD 2020 完美支持 Microsoft®Windows®7SP1 KB4019990（仅限 64 位）、Microsoft Windows 8.1（含更新 KB2919355）（仅限 64 位）、Microsoft Windows 10（仅限 64 位）（版本 1803 或更高版本），切记不再支持 32 位的 Windows 系统。

1.5.1　AutoCAD 2020 对系统的要求

AutoCAD 2020 的安装方法十分简单，但在安装之前必须确保计算机的系统配置满足需求，下面介绍 AutoCAD 2020 的系统要求，如表 1-5 所示。

表 1-5　AutoCAD 2020 的系统要求

配置	系统要求
操作系统	（1）带有更新的 Microsoft® Windows®7SP1 KB4019990（仅限 64 位）； （2）Microsoft Windows 8.1（含更新 KB2919355）（仅限 64 位）； （3）Microsoft Windows 10（仅限 64 位）（版本 1803 或更高版本）
处理器	（1）基础：2.5 ~ 2.9GHz 处理器； （2）推荐：3GHz 以上的处理器； （3）多个处理器：由应用程序支持
内存	基本要求：8GB；建议：16GB
显示器分辨率	常规显示器：1920×1080 真彩色 高分辨率和 4K 显示：Windows 10，64 位系统支持高达 3840×2160 的分辨率（带显示卡）
显卡	（1）基本要求：1GB GPU，具有 29Gbps 带宽，与 DirectX 11 兼容 （2）推荐：4GB GPU，具有 106Gbps 带宽，与 DirectX 11 兼容
磁盘空间	6.0GB
指针设备	Microsoft 鼠标兼容的指针设备
网络	通过部署向导进行部署。许可服务器及运行依赖网络许可的应用程序的所有工作站都必须运行 TCP/IP 协议。可以接受 Microsoft® 或 Novell TCP/IP 协议堆栈。工作站上的主登录可以是 NetWare 或 Windows。 除了为应用程序支持的操作系统之外，许可证服务器还将在 Windows Server® 2016、Windows Server 2012 和 Windows Server 2012 R2 版本上运行
.NET Framework	.NET Framework 4.7 或更高版本＊支持的操作系统推荐使用 DirectX11

1.5.2　开始安装 AutoCAD 2020

了解系统配置之后，如果你的计算机适合安装 AutoCAD 2020 软件，那么就可以开始准备安装操作了，下面介绍如何通过 AutoCAD 2020 的安装文件逐步进行软件的安装操作。

步骤 01　在"计算机"窗口中打开 AutoCAD 2020 安装文件所在的文件夹，选择 exe 格式的安装文件，这是英文版的安装程序，等安装完成了我们再对软件进行汉化操作。在 exe 安装文件上单击鼠标右键，在弹出的快捷菜单中选择"打开"命令，如图 1-20 所示。

步骤 02　弹出"解压到"对话框，单击右侧的"更改"按钮，如图 1-21 所示。

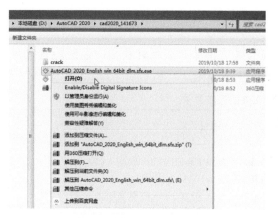

图 1-20　选择"打开"命令

图 1-21　单击"更改"按钮

步骤 03　弹出"浏览文件夹"对话框，选择文件解压的位置，如图 1-22 所示。

步骤 04　单击"确定"按钮，返回"解压到"对话框，单击"确定"按钮，如图 1-23
所示。

图 1-22　选择文件解压的位置

图 1-23　单击"确定"按钮

步骤 05　开始解压 AutoCAD 2020 的安装文件，并显示解压进度，如图 1-24 所示。

步骤 06　待安装文件解压完成后，弹出 Setup Initialization 窗口，下方提示用户安装
程序正在初始化，如图 1-25 所示。

步骤 07　稍等片刻，进入下一个界面，单击 Install（安装）按钮，如图 1-26 所示。

步骤 08　进入 License Agreement（许可协议）界面，在其中请用户仔细阅读许可协
议内容，在界面右下方选择 I Accept（我接受）单选按钮，单击 Next 按钮，如图 1-27 所示。

步骤 09　进入安装选项界面，单击 Installation path（安装路径）选项右侧的 Browse（浏
览）按钮，弹出相应对话框，在其中设置 CAD 的安装位置，单击 OK 按钮，如图 1-28 所示。

步骤 10　返回安装选项界面，单击 Install（安装）按钮，如图 1-29 所示。

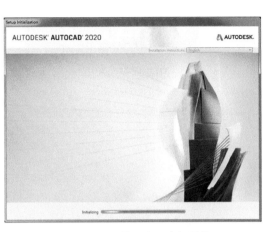

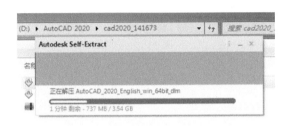

图 1-24　显示解压进度

图 1-25　安装程序正在初始化

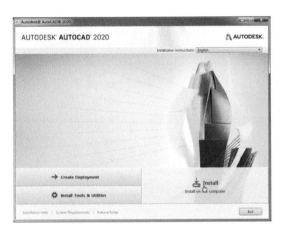

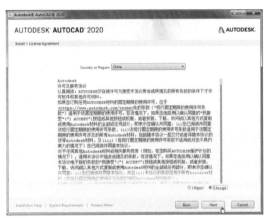

图 1-26　单击 Install 按钮

图 1-27　选择 I Accept 单选按钮

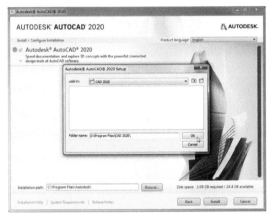

图 1-28　设置 CAD 的安装位置

图 1-29　单击 Install（安装）按钮

步骤 11　开始安装 AutoCAD 2020 软件，并显示安装进度，如图 1-30 所示。

步骤 12　稍等片刻，待软件安装完成后，进入安装完成界面，已安装好的软件选项前面显示对勾符号，表示安装成功，单击右下角的 Finish（完成）按钮，如图 1-31 所示，完成 AutoCAD 2020 英文版的安装操作。

步骤13 将英文版的 AutoCAD 2020 安装完成后，接下来安装汉化程序，在 exe 汉化文件上单击鼠标右键，在弹出的快捷菜单中选择"打开"命令，如图 1-32 所示。

步骤14 弹出"安装初始化"窗口，显示软件正在初始化，如图 1-33 所示。

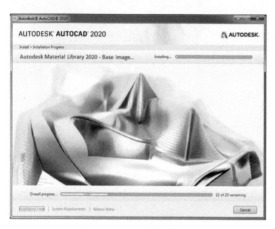

图 1-30 显示安装进度

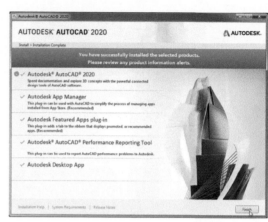

图 1-31 单击 Finish 按钮

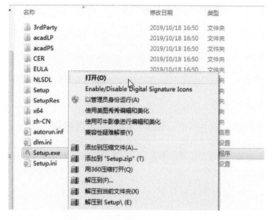

图 1-32 选择"打开"选项

图 1-33 显示软件正在初始化

▶ 专家指点

当用户将 AutoCAD 2020 软件安装完成后，首次运行 AutoCAD 2020 应用程序时需要进行激活。在弹出的软件激活界面中单击"激活"按钮，并根据其界面信息进行操作，输入相应的序列号，即可激活 AutoCAD 2020 应用程序。

步骤15 稍等片刻，进入相应界面，单击下方的"安装"按钮，如图 1-34 所示。

步骤16 进入"配置安装"界面，单击右下角的"安装"按钮，如图 1-35 所示。

步骤17 开始安装汉化文件，并显示安装进度，如图 1-36 所示。

步骤18 待程序安装完成后，进入"安装完成"界面，单击右下角的"完成"按钮，如图 1-37 所示，即可完成软件的安装操作。

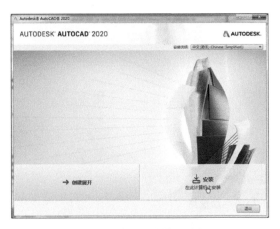

图 1-34　单击"安装"按钮 1

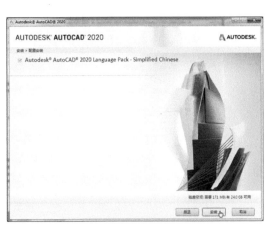

图 1-35　单击"安装"按钮 2

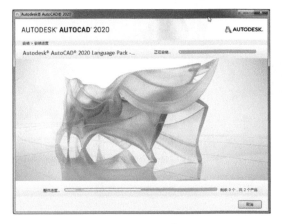

图 1-36　显示安装进度

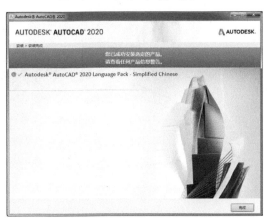

图 1-37　单击"完成"按钮

1.6　设置 AutoCAD 2020 软件

将 AutoCAD 2020 软件安装至计算机后，接下来可以启动 AutoCAD 2020 软件，还可以对软件进行相关的设置操作，使我们在绘图的时候更加得心应手，提高绘图效率。

1.6.1　启动 AutoCAD 2020 软件

从桌面快捷方式或者从"开始"菜单中启动 AutoCAD 2020 软件，弹出 AutoCAD 2020 程序启动界面，其中显示程序的相关启动信息，如图 1-38 所示。

稍等片刻，打开 AutoCAD 2020 软件界面，弹出欢迎界面，欢迎界面中有两个选项卡，在"创建"选项卡中包含一些最近使用的文档记录；在"了解"选项卡中包括 AutoCAD 2020 的一些新增功能的演示，还有一些视频操作指导，以及学习提示与联机资源等，如图 1-39 所示。

欢迎界面中的这些内容，在具体的作图过程中，基本上是没有什么用的，在界面中设置一下，将欢迎界面取消，下次再启动 AutoCAD 2020 软件时，就不会再显示欢迎界面的内容了。

图 1-38　显示程序的相关启动信息

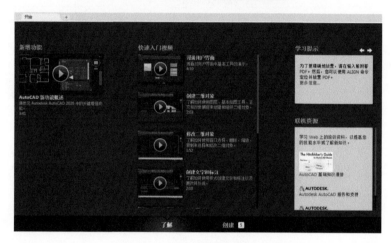

图 1-39　欢迎界面中的相关内容

1.6.2　取消软件欢迎界面

在欢迎界面中按【Ctrl + N】组合键，弹出"选择样板"对话框，单击"打开"按钮，进入 AutoCAD 2020 的绘图区界面。首先，从界面设置开始，先取消软件的欢迎界面，具体操作步骤如下：

步骤 01　在命令行中输入 STARTMODE 命令，如图 1-40 所示。

步骤 02　按【Enter】键确认，命令行中提示相关信息，<1> 表示开始新选项卡，在命令行中输入 0，如图 1-41 所示，按【Enter】键确认。

图 1-40　输入 STARTMODE 命令　　　　　　图 1-41　在命令行中输入 0

步骤 03　执行操作后，即可将欢迎界面的新选项卡关闭，如图 1-42 所示，下一次启动 AutoCAD 2020 时，将不会再弹出欢迎界面。

图 1-42　关闭新选项卡

1.6.3　启动软件后自动进入绘图区

上一节介绍了按【Ctrl + N】组合键，可以创建新文档从而进入绘制区，其实这一步可以省去，启动 AutoCAD 2020 后，直接进入绘图区界面，这样操作上更快捷一些。具体操作步骤如下：

步骤 01　在命令行中输入 STARTUP 命令，如图 1-43 所示。

步骤 02　按【Enter】键确认，命令行中提示相关信息，输入 0 以后，按【Enter】键确认，如图 1-44 所示。

图 1-43　输入 STARTUP 命令　　　　　　　　图 1-44　按【Enter】键确认

步骤 03　执行操作后，即可在启动 AutoCAD 2020 时，直接进入 ISO 的一个样板，无须再按【Ctrl + N】组合键来新建文件了，操作更加快捷、方便。

1.6.4　隐藏右侧的 WCS 面板与导航栏

AutoCAD 2020 工作界面右侧有一些不太常用的工具，如 WCS 东西南北面板，还有一些导航栏之类的，如图 1-45 所示，影响了绘图的空间大小，此时可以将这些面板隐藏起来。

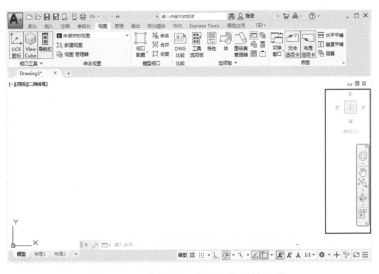

图 1-45　右侧有一些不太常用的工具

下面介绍隐藏右侧 WCS 面板与导航栏的操作方法。

步骤 01 在"视图"面板中单击 View Cube 按钮，如图 1-46 所示，即可隐藏 WCS 导航工具，不再显示东西南北工具面板。

步骤 02 在"视图"面板中单击"导航栏"按钮，如图 1-47 所示，即可隐藏导航栏。

步骤 03 隐藏右侧 WCS 面板与导航栏之后的界面如图 1-48 所示。

 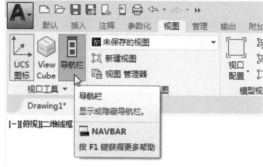

图 1-46　单击 View Cube 按钮　　　　图 1-47　单击"导航栏"按钮

图 1-48　隐藏右侧 WCS 面板与导航栏

1.6.5　隐藏不需要使用的选项卡与面板

在 AutoCAD 2020 界面中，可以将一些不常用的选项卡及选项面板关闭，"功能区"选项板上密密麻麻的选项影响操作的便捷性，为了使界面更加简洁，可以将不需要使用的功能隐藏，具体操作方法如下。

步骤 01　在"功能区"选项板上的空白处单击鼠标右键,在弹出的快捷菜单中选择"显示选项卡"命令，在弹出的子菜单中显示了各个选项卡的名称，如图 1-49 所示。

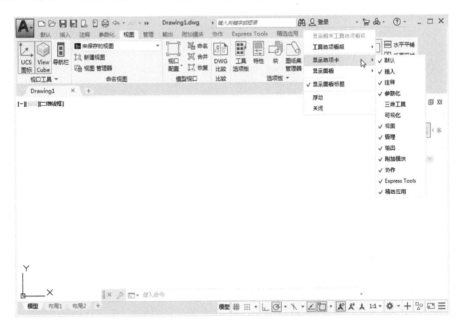

图 1-49　"显示选项卡"子菜单

步骤 02　这里，将不需要使用的选项卡关闭，如"协作"、Express Tools、"精选应用"等选项卡，选择相应的选项，前面的对勾即可取消，未显示对勾的名称即表示已被隐藏的选项卡，隐藏部分选项卡之后的工作界面如图 1-50 所示。

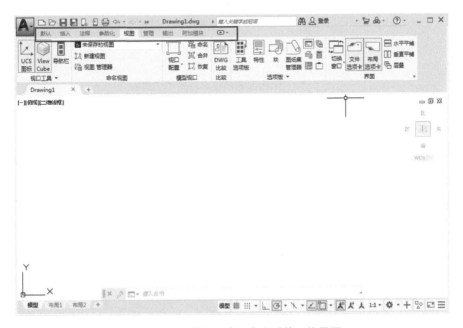

图 1-50　隐藏部分选项卡之后的工作界面

步骤 03 上面介绍的是隐藏选项卡，如果要隐藏某个选项卡中的一些选项面板，该如何操作呢？首先打开该选项卡，然后在空白处单击鼠标右键，在弹出的快捷菜单中选择"显示面板"命令，在弹出的子菜单中显示了该选项卡中各个面板的名称，如图 1-51 所示。

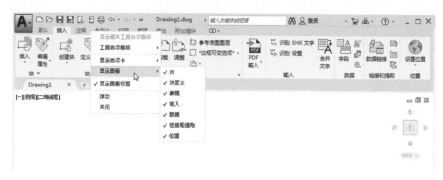

图 1-51 **"显示面板"子菜单**

步骤 04 这里分别选择"数据""链接和提取""位置"3 个选项，使选项前面的对勾取消，表示即可隐藏相应面板，留下的只有"块""块定义""参照""输入"4 个选项卡，界面更加简洁一些，如图 1-52 所示。

图 1-52 **隐藏部分面板之后的工作界面**

1.6.6 调整绘图时十字光标的大小

接下来设置系统中的相关功能，如将十字光标调整到最大，这样操作的目的是使我们在制图的过程中有一个参考，具体操作步骤如下。

步骤 01 默认状态下软件十字光标的大小和样式如图 1-53 所示，这个是 5 号大小的十字光标。

步骤 02 在命令行中输入 OP 命令，如图 1-54 所示。

步骤 03 按【Enter】键确认，弹出"选项"对话框，进入"显示"选项卡，在右侧"十字光标大小"选项区中设置大小为 100，如图 1-55 所示。

步骤 04 设置完成后，单击"确定"按钮，返回工作界面，此时可以看到十字光标变成了很长很大的光标，如图 1-56 所示，更加方便绘图了。

图 1-53　默认状态下的十字光标

图 1-54　在命令行中输入 OP 命令

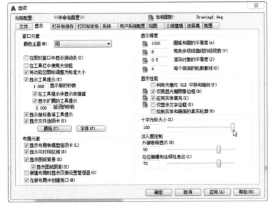

图 1-55　设置大小为 100

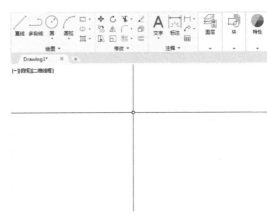

图 1-56　调整后的十字光标样式

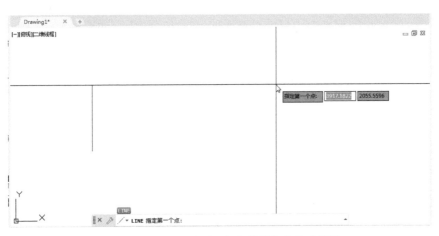

图 1-57　在左侧绘制一条竖线并向右移动鼠标

步骤 05　调整好十字光标的大小后，我们来体验一下设置的效果。在命令行中输入 L（直线）命令，在左侧绘制一条竖线，然后将鼠标移至右侧，可以看到光标的大小是无限大的，向右移的时候，水平光标线在制图的时候就给我们带来了一定的参考，如图 1-57 所示，这样绘制出来的两条竖直线的起始位置能保持在同一个平行线上。

步骤 06　因为十字光标的大小是无限大的，基本上有一个很直观的参考，接着在右侧绘制一条竖直线，基本就能保证两条线段的长短是一样的，如图 1-58 所示。如果没有十字光标作为参考，制图就不会这么方便了。

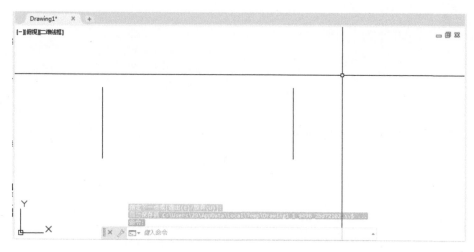

图 1-58　以十字光标为参考绘制的竖直线

1.6.7　将 AutoCAD 文件存储为低版本

本书使用的是 AutoCAD 2020 版本，在存储文件时，可以将 CAD 文件保存为低版本的，因为如果出现和别人交换图纸的情况，如果对方的版本过低的话，会打不开高版本的 CAD 文件。下面介绍将 AutoCAD 文件存储为低版本的方法。

在命令行中输入 OP 命令，按【Enter】键确认，弹出"选项"对话框，进入"打开和保存"选项卡，在"另存为"列表框中可以设置文件另存为的版本，如图 1-59 所示。如果对方版本过低的话，我们要在这个列表中将文件版本存储为对方能够打开的低版本。

图 1-59　"打开和保存"选项卡

一般情况下，在"另存为"下拉列表框中选择"AutoCAD 2000/LT2000 图形"，基本可以被打开。另外，在"文件安全措施"选项组中，取消选择"自动保存"复选框，不需要自动保存；也取消选择"每次保存时均创建备份副本"复选框，取消选择这两个选项是为了减少系统的使用内存，使计算机的运行速度更快一点。

1.6.8　解决文件加载过程中出现的问题

有时在打开 CAD 文件时，会提示"可执行文件超出指定的受信任的位置"信息，然后提示用户是加载还是不加载，如图 1-60 所示。

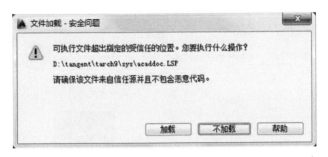

图 1-60　提示"可执行文件超出指定的受信任的位置"的信息

可以通过系统设置来解决上述问题，使今后都不会再弹出这种提示，具体操作方法如下。

步骤 01　在命令行中输入 OP 命令，按【Enter】键确认，弹出"选项"对话框，进入"系统"选项卡，在"安全性"选项组中单击"安全选项"按钮，如图 1-61 所示。

步骤 02　弹出"安全选项"对话框，将"安全级别"调至"关"，如图 1-62 所示，单击"确定"按钮即可。

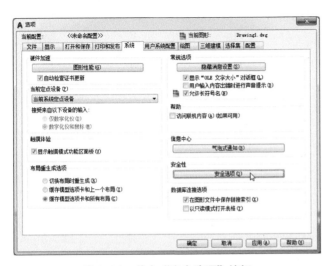

图 1-61　单击"安全选项"按钮

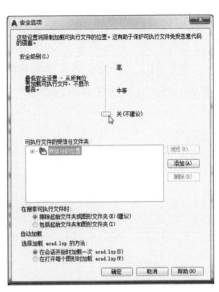

图 1-62　调整"安全级别"选项

1.6.9 优化系统内存的相关设置

在"选项"对话框中取消一些视觉效果的设置，可以更好地优化系统内存，使计算机的运行速度更快一点，也能提高制图效率。下面介绍相应操作方法。

步骤 01 在"选项"对话框中选择"选择集"选项卡，在"预览"选项组中单击"视觉效果设置"按钮，如图 1-63 所示。

步骤 02 弹出"视觉效果设置"对话框，取消选择"指示选择区域"复选框，如图 1-64 所示，该操作的目的主要是使计算机的性能更优化一些，因为选择该复选框的时候，它是占用系统内存的，影响计算机的运行速度。

图 1-63　单击"视觉效果设置"按钮　　　图 1-64　取消选择"指示选择区域"复选框

1.6.10 设置光标拖曳时的选择状态

默认情况下，光标拖曳的时候会以套索的形式进行选择，这样操作是完全没有必要的，可以取消套索的选择形式，具体操作如下。

步骤 01 鼠标在绘图区中连续拖曳的情况下，会出现套索形状，如图 1-65 所示。

步骤 02 下面取消这样的选择状态。打开"选项"对话框，进入"选择集"选项卡，取消选择"允许按住并拖动套索"复选框，如图 1-66 所示，单击"确定"按钮即可。

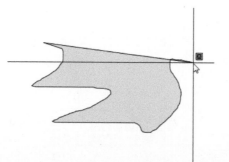

图 1-65　连续拖曳的情况下

图 1-66　取消选择"允许按住并拖动套索"复选框

1.6.11　禁用并移除 "通讯中心" 模块

禁用并移除 "通讯中心" 模块，这个操作有什么用呢？这也是软件的一个优化操作，需要进入注册表，在注册表中进行修改。下面介绍具体的操作方法。

步骤 01　按【Windows+R】组合键，弹出 "运行" 窗口，输入 regedit 命令，如图 1-67 所示。

步骤 02　打开 "注册表编辑器" 窗口，如图 1-68 所示。

图 1-67　输入 regedit 命令　　　　　　图 1-68　打开 "注册表编辑器" 窗口

步骤 03　依次展开 CAD 注册表的相关选项：HKEY_USERS\S-1-5-?-??-???\Software\Autodesk\AutoCAD\R23.1\ACAD-3001:804，如图 1-69 所示。

步骤 04　在该选项下选择 InfoCenter 文件，在右侧双击 InfoCenterOn 文件，如图 1-70 所示。

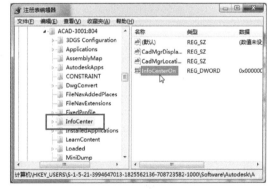

图 1-69　依次展开相应选项　　　　　　图 1-70　双击 InfoCenterOn 文件

步骤 05　弹出相应对话框，默认是 1，将 "数值数据" 设置为 0，如图 1-71 所示。

步骤 06　设置完成后，单击 "确定" 按钮，即可优化软件操作。

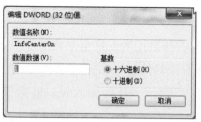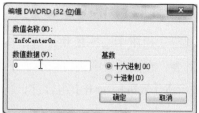

图 1-71　将"数值数据"设置为 0

1.6.12　防止 CAD 意外崩溃的操作

有时，系统运行缓慢时，CAD 就意外崩溃了，如果制图的文件没有保存的话，那几个小时的设计就全白费了，接下来的这个操作可以防止 CAD 意外崩溃。

步骤 01　在上一例的基础上展开 ACAD-3001:804 选项，在下方选择 FileNav Extensions 文件，展开该选项，如图 1-72 所示。

步骤 02　在右侧需要删除两个文件，一个是 ACPROJECT（联机协作）文件，该操作会彻底移除另存为窗口左侧的 Buzzsaw；另一个是 FTPSites（共享站点）文件，该操作会彻底移除另存为窗口左侧的 FTP 站点。笔者已经删除了 ACPROJECT（联机协作）文件，接下来将 FTPSites（共享站点）文件也一并删除，按【Delete】键即可删除，如图 1-73 所示。

图 1-72　展开 FileNav Extensions 文件　　　　图 1-73　按【Delete】键将文件删除

步骤 03　执行这两步操作后，即可防止 CAD 意外崩溃，保护最珍贵的图纸数据。

1.7　认识 CAD 的常用视图工具

在室内制图过程中，经常需要对图形的显示进行控制，通过控制图形显示，可以观察图形的细小结构和复杂的整体图形。下面介绍两种常用的视图操作，一种是缩放视图，另一种是平移视图。

1.7.1　缩放视图

在绘图过程中，为了更准确地绘制、编辑和查看图形中某一部分图形对象，需要用到缩放视图等功能。在 AutoCAD 2020 中缩放视图，可以放大或缩小图形的屏幕显示尺寸，然而图形的真实尺寸是保持不变的。

缩放视图的操作方法很简单，只需要滚动鼠标的中轮，即可实现屏幕的缩放，向前滑动可以放大屏幕，向后滑动可以缩小屏幕。缩放的对比效果如图 1-74 所示。

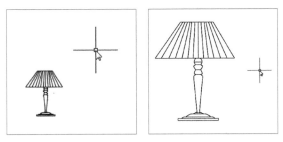

图 1-74　缩放图形后的对比效果

1.7.2　平移视图

在 AutoCAD 2020 中，平移功能通常又称为"摇镜"。使用平移功能，可以移动视图显示的区域，以便更好地查看其他部分的图形，并不会改变图形中对象的位置和显示比例。

平移视图的操作方法很简单，只需要按住鼠标中键不放，向左或向右拖曳至合适位置后再释放鼠标中键，即可实现视图的平移操作。平移图形后的对比效果如图 1-75 所示。

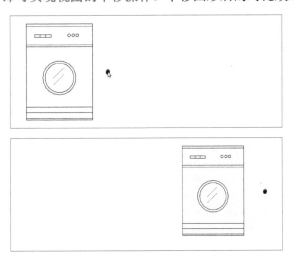

图 1-75　平移图形后的对比效果

1.8　掌握 CAD 的一些快捷键操作

掌握 AutoCAD 中的一些快捷键，可以帮助我们提高绘图效率，下面介绍两个常用的快捷键，一个是【空格】键，另一个是【Esc】键，下面学习一下这两个快捷键的功能操作与应用技巧。

1.8.1 【空格】键的操作功能

在 AutoCAD 2020 中，【空格】键有两个作用，一个是执行"确定"命令，例如，输入 L 命令，按【空格】键确定，如图 1-76 所示，在这个过程当中，【空格】键就表示执行、确定的意思。

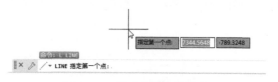

图 1-76　按【空格】键确定

执行直线 L 命令后，输入 500，如图 1-77 所示，按【空格】键确定，完成图形的绘制，如图 1-78 所示。在这个过程中【空格】键的作用也是执行、确定的意思。

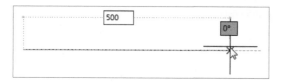

图 1-77　输入直线的长度 500

图 1-78　完成图形的绘制

【空格】键的另一个作用是"重复上一次的命令"，这是【空格】键用得比较多的一个功能，比如上一步中绘制完成了一条直线，如果再次按【空格】键，即可重复执行"L（直线）"命令，如图 1-79 所示，接着再绘制直线图形。

图 1-79　重复执行"L（直线）"命令

1.8.2 【Esc】键的操作功能

【Esc】键可以结束、中止当前操作，输入 L 命令后，如果需要结束或中止 L 命令的操作，按【Esc】键即可，此时命令行中提示"取消"的信息，如图 1-80 所示。

【Esc】键还是一个快速恢复初始化的一个工具，使 CAD 的十字光标当前不处于任何命令的执行状态，所以这是一个恢复初始化的工具。

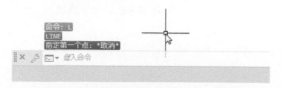

图 1-80　命令行中提示"取消"的信息

第 **2** 章
掌握绘图工具的使用技巧

　　绘图是 AutoCAD 2020 的主要功能，也是最基本的功能。二维平面图形的形状都很简单，创建起来也很容易，是 AutoCAD 绘图的基础。因此，只有熟练掌握简单二维平面图形绘制的方法和技巧，才能够更好地绘制出复杂的室内图形。本章主要介绍一些常用绘图工具的使用技巧，希望读者熟练掌握本章内容，为后面的学习奠定良好的基础。

本 章 重 点

- 工具 1：直线
- 工具 2：多段线
- 工具 3：圆
- 工具 4：圆弧
- 工具 5：矩形
- 工具 6：多边形
- 工具 7：椭圆
- 工具 8：构造线、多线
- 工具 9：图案填充
- 工具 10：点工具应用
- 工具 11：文字工具详解
- 使用其他实用绘图工具

扫描二维码观看本章教学视频

2.1 工具 1：直线

直线工具是在绘图当中用得最多的一个工具，关于直线工具，首先需要掌握它的快捷键，然后要学会绘制一个有数据、有角度的线段，最后要学会直线工具的闭合。直线工具是一个自动闭合的操作，首先，我们从直线工具的快捷键开始学习。

2.1.1 绘制水平与垂直直线

L 命令是直线工具的快捷键。

在 AutoCAD 2020 中输入 L 命令之前，一定要确认当前的十字光标处于初始状态，如图 2-1 所示，这是一个细节。如果当前光标还在执行其他命令的操作，那么此时输入 L 命令，是不会执行直线工具的。

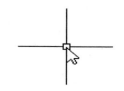

图 2-1　十字光标的初始状态

接下来介绍直线的具体绘制技巧。

步骤 01　在绘图区中直接输入 L 命令，第一个 L（LINE）就是直线工具，如图 2-2 所示。

步骤 02　按【空格】键确认，接下来界面提示指定第一点，如图 2-3 所示。

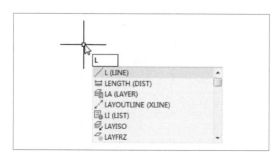

图 2-2　直接输入 L 命令

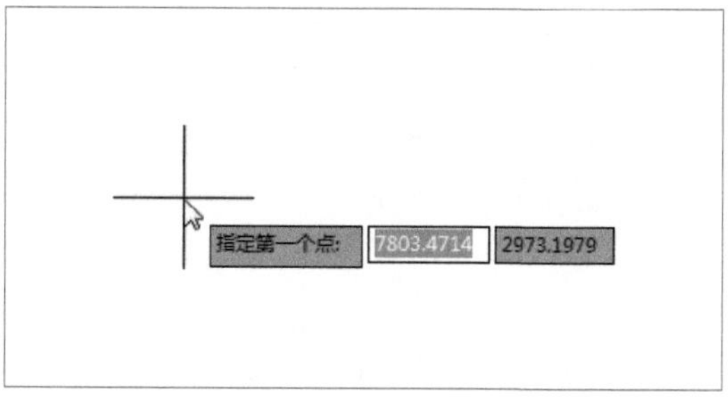

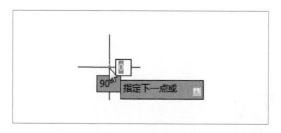

图 2-3　提示指定第一点

步骤 03　在绘图区中的合适位置单击，指定第一点，如图 2-4 所示。

步骤 04　指定第一点之后，界面提示指定下一点，向右引导光标，输入 1000，如图 2-5 所示。

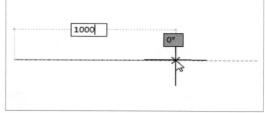

图 2-4　指定第一点

图 2-5　向右引导光标，输入 1000

步骤 05　按【空格】键确认，即可绘制直线，其中 1000 就是直线的长度，单位 mm，如图 2-6 所示。

步骤 06 向下引导光标，再次输入 1500，按【空格】键确认，绘制垂直线，如图 2-7 所示。

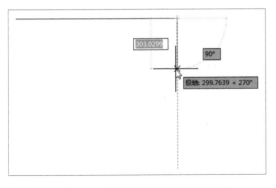

图 2-6 绘制长度为 1000 的直线

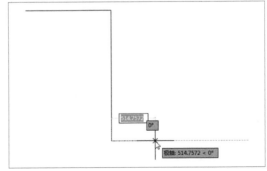

图 2-7 绘制长度为 1500 的直线

步骤 07 继续向右引导光标，输入 800，按【空格】键确认，绘制水平线，如图 2-8 所示。

步骤 08 再次按【空格】键确认，完成直线的绘制，如图 2-9 所示。

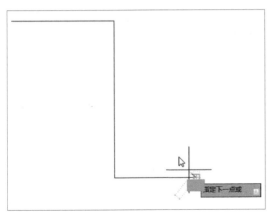

图 2-8 绘制长度为 800 的直线

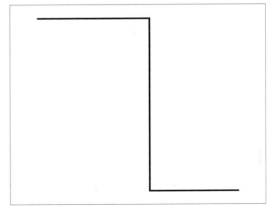

图 2-9 完成直线的绘制

2.1.2 绘制带有角度的斜线

在 AutoCAD 当中只能画这种水平与垂直的直线吗？答案是否定的，因为我们在绘图的过程中，开启了正交功能，如图 2-10 所示，锁定了垂直与水平线的绘制方向。

图 2-10 开启了正交功能

按【F8】键，取消正交模式后，命令行中提示"正交 关"的信息，如图 2-11 所示，接下来就可以绘制一些斜线段了。

图 2-11　命令行中提示"正交 关"

斜线由两个数据组成，一个是线段的长度数据，另一个是线段的角度数据，这个角度表示的是直线的夹角，如图 2-12 所示。

如何来确定这两个数据呢？在绘制直线时，默认激活的是直线的长度数据，如输入 1500，如图 2-13 所示。

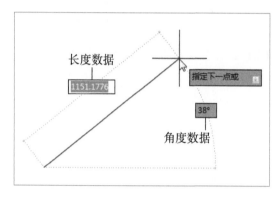

图 2-12　斜线由两个数据组成

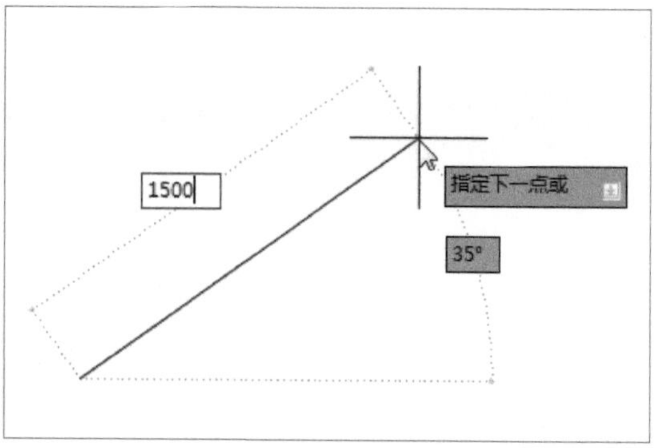

图 2-13　输入数据 1500

按【Tab】键，切换到角度数值，如图 2-14 所示，如输入 45 度。这里有一个细节，CAD 的角度数值输入完成后，按【空格】键是不能确认操作的，需要按【Enter】键才能确认操作，再按【空格】键完成操作，如图 2-15 所示。

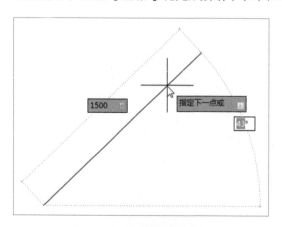

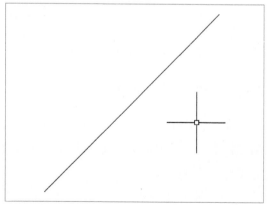

图 2-14　切换到角度数值

图 2-15　按【Enter】键确认操作

2.1.3　使用闭合功能绘制直线

在绘制直线的过程中，AutoCAD 2020 具有自动闭合功能，可以轻松绘制出一个闭合的平面图形。下面介绍具体的操作方法。

步骤 01　执行 L 命令，依次绘制多条直线段，如图 2-16 所示。

步骤 02　根据命令行提示，按【C】键可以执行"关闭"命令，"关闭"是指闭合的意思，根据提示输入 C，如图 2-17 所示。

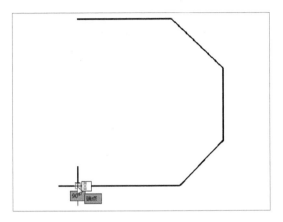

图 2-16　依次绘制多条直线段

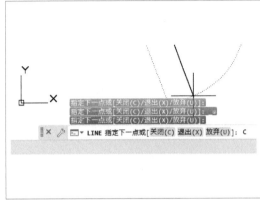

图 2-17　根据提示输入 C

步骤 03　执行操作后，CAD 即可自动闭合图形，效果如图 2-18 所示。

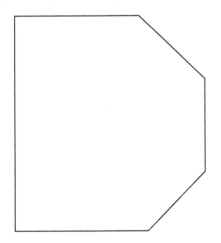

图 2-18　CAD 自动闭合图形

2.1.4　运用直线工具绘制简易书桌

通过上述学习，我们掌握了直线工具的各种应用技巧，接下来通过一个实例来强化一下直线工具的应用。

步骤 01　按【F8】键，开启正交功能，在状态栏中可以看到"正交"工具呈淡蓝色显示 ，表示该功能呈开启状态，如图 2-19 所示。

步骤 02　输入直线命令 L，按【Enter】键确认，在绘图区中随意指定第一点，向右引导光标，依次绘制 700、800、700 的直线段，这是一条连接在一起的 3 条直线段，如图 2-20 所示。

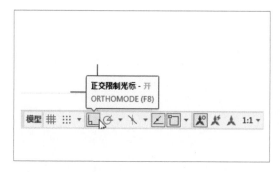

图 2-19　开启正交功能

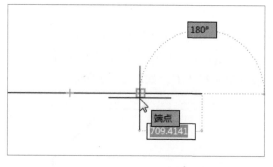

图 2-20　绘制 700、800、700 的直线段

步骤 03 向下引导光标，依次绘制 940、800 的垂直线段，如图 2-21 所示。

步骤 04 向左引导光标，输入 500，按【空格】键确认；向上引导光标，输入 800，按两次【空格】键确认操作，如图 2-22 所示。

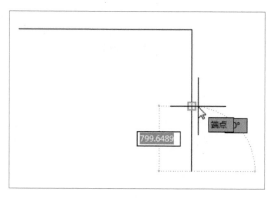

图 2-21　绘制 940、800 的垂直线段

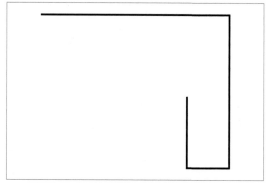

图 2-22　绘制 500、800 的直线段

步骤 05 接下来先开启捕捉模式，输入 OS 命令，按【Enter】键确认，弹出"草图设置"对话框，选择"对象捕捉"选项卡，在其中分别选择"启用对象捕捉""启用对象捕捉追踪"复选框，在下方开启常用的捕捉功能，如端点、中点、圆心、交点、延长线及垂足等，这些都是绘图时经常用到的捕捉功能，将其选中，如图 2-23 所示。

步骤 06 设置完成后，单击"确定"按钮，返回绘图界面，继续输入 L 命令，按【Enter】键确认，指定第一点，如图 2-24 所示，CAD 已经识别出这是某条线段的端点，在该端点上单击，指定第一点。

步骤 07 向左引导光标，捕捉交点位置，单击，确定第二点，如图 2-25 所示。

步骤 08 向上引导光标，捕捉最上方直线的左端点，单击，确定终点，按【空格】键，确认图形的绘制，如图 2-26 所示。

步骤 09 执行 L 命令捕捉上方直线端点与下方直线的垂足点，绘制直线，如图 2-27 所示。

步骤 10 用同样的方法，捕捉直线右侧的端点与垂足点，绘制直线，效果如图 2-28 所示。

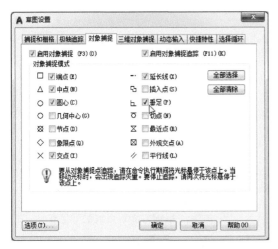

图 2-23 "对象捕捉"选项卡

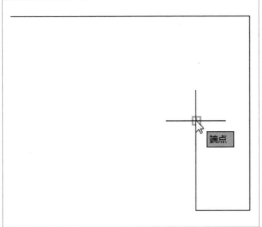

图 2-24 指定第一点

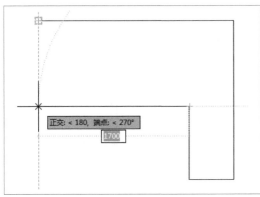

图 2-25 确定第二点

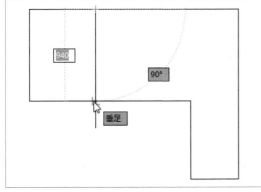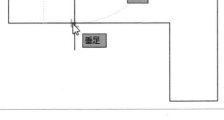

图 2-27 绘制直线 1

图 2-26 确定终点

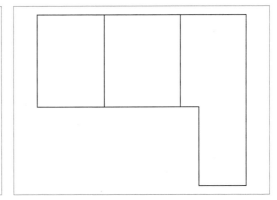

图 2-28 绘制直线 2

步骤 11 继续执行 L 命令，捕捉左侧垂直线的下端点，向上引导光标，输入 400，如图 2-29 所示。

步骤 12 按【Enter】键确认，确定起始点，然后向右移动光标，捕捉右侧垂直线的垂足点，如图 2-30 所示。

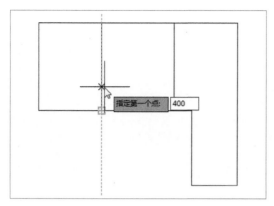

图 2-29　向上引导光标，输入 400

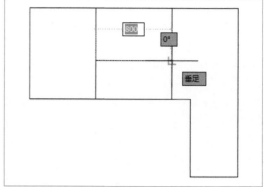

图 2-30　捕捉右侧垂直线的垂足点

步骤 13　在垂足点上单击，确定直线的绘制，这样一个简易的书桌就绘制完成了，效果如图 2-31 所示。

步骤 14　在这个简易书桌上，可以添加一些电话、沙发、课本等图案，完善图纸的内容，使图纸更加形象，最终成品效果如图 2-32 所示。

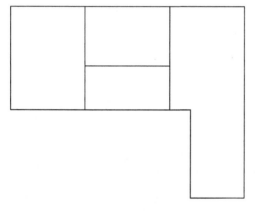

图 2-31　绘制简易的书桌

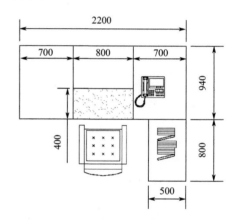

图 2-32　完善图形的绘制

2.2　工具 2：多段线

使用"多段线"命令可以绘制多段线图形。多段线图形是由等宽或不等宽的直线或圆弧等多条线段构成的特殊线段，这些线段所构成的图形是一个整体。在学习多段线的知识时，需要掌握以下几点：

第一，需要掌握多段线的快捷键——PL。

第二，要学会区分多段线与直线的区别。

第三，要学会绘制有宽度、有弧度的多段线。

2.2.1　掌握多段线与直线的区别

首先，输入 PL 命令，按【空格】键确认，绘图区中提示用户指定起点，如图 2-33

所示；在绘图区中任意指定一点为绘图起点，向右引导光标输入 1500 并确认，向下引导光标输入 1200 并确认，向右引导光标输入 2700 并确认，绘制多段线，如图 2-34 所示。

图 2-33　提示用户指定起点　　　　　　　　　图 2-34　绘制完成的多段线

这样看上去，或许觉得多段线与直线的区别并不是很大，其实它最主要的区别在于它的线型，以及线型的结构。

将鼠标放置多段线图形上时，它显示的是一个整体，如图 2-35 所示；同样用 L 命令绘制相同的图形，将鼠标置于直线图形上时，它显示的只是一条线段，如图 2-36 所示。多段线是连成一体的对象，而直线是分散的对象，这就是本质的线型区别。

图 2-35　选择多段线　　　　　　　　　　　图 2-36　选择直线段

2.2.2　绘制含直线与圆弧的多段线

在 AutoCAD 2020 中，多段线还有很多直线不具备的功能，如在绘制多段线时，还可以同时绘制一些弧线，而直线工具是没有这个功能的。下面介绍绘制含直线与圆弧的多段线对象。

步骤 01　在绘图区中输入 PL 命令，按【Enter】键确认，指定图形的起点，向右引导光标绘制一条直线，如图 2-37 所示。

步骤 02　此时命令行中有一些附属的选项，圆弧命令是 A，在绘图区中输入 A 并确认，此时界面中包含两组参数，第一组数据是圆弧的弧长（或者说直径），另一组数据是圆弧的角度，这个角度是圆弧的夹角，如图 2-38 所示。

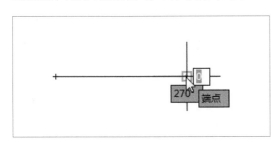

图 2-37　绘制一条直线

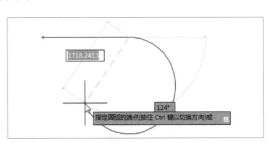

图 2-38　圆弧包含两组参数

步骤 03 设置不同的直径与角度，即可绘制圆弧多段线，绘制完成的效果如图 2-39 所示。

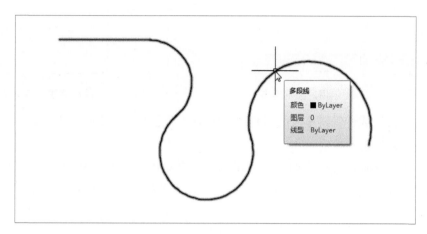

图 2-39 绘制圆弧多段线

2.2.3 运用多段线工具绘制楼梯示意图

上面学习了多段线的基础知识，下面通过一个实例来强化一下多段线工具的应用。

步骤 01 单击快速访问工具栏中的"打开"按钮，打开一幅素材图形，如图 2-40 所示。

步骤 02 在绘图区中输入 PL 命令并确认，指定多段线的起点，如图 2-41 所示。

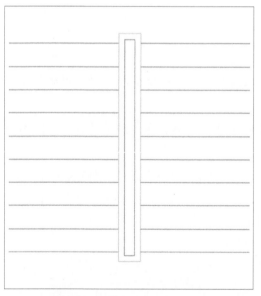

图 2-40 打开一幅素材图形   图 2-41 指定多段线的起点

步骤 03 向上引导光标，输入 2287 并确认，如图 2-42 所示，绘制多段线。

步骤 04 向右引导光标，输入 1064 并确认；向下引导光标，输入 835 并确认，绘制多段线，如图 2-43 所示。

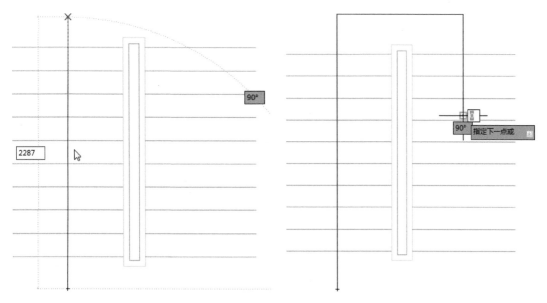

图 2-42　输入 2287 并确认　　　　　　　图 2-43　绘制多段线

步骤 05　接下来绘制多段线的指引箭头，可以通过多段线的宽度参数来绘制。根据命令行提示进行操作，输入 W（宽度），如图 2-44 所示，按【Enter】键确认。

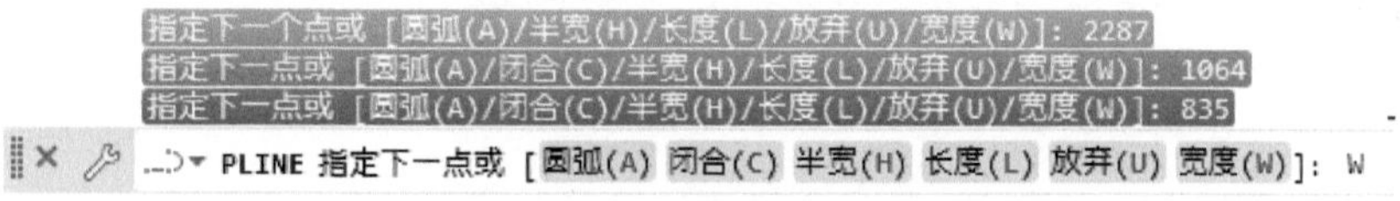

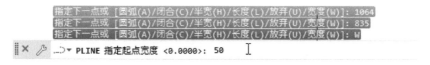

图 2-44　输入 W（宽度）

步骤 06　根据命令行提示进行操作，指定起点宽度为 50，如图 2-45 所示，按【Enter】键确认。

图 2-45　指定起点宽度为 50

步骤 07　根据命令行提示进行操作，指定多段线的端点宽度为 0，如图 2-46 所示，按【Enter】键确认。

图 2-46　指定多段线的端点宽度为 0

步骤 08　接下来指定箭头的长度即可，按【空格】键完成操作，楼梯示意图绘制完成，效果如图 2-47 所示，笔者对多段线的尺寸长度进行了标注，方便大家绘图的时候查看对应尺寸，如图 2-48 所示。

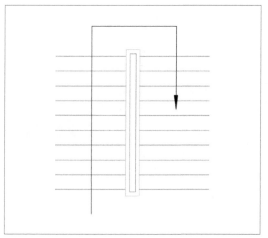

图 2-47 楼梯示意图绘制完成　　　　图 2-48 进行尺寸标注的图形

2.3 工具 3：圆

圆是一种简单的二维图形，也是在制图过程中用得比较多的绘图工具之一，可以用来表示柱、孔等特征。在学习圆的相关知识时，需要掌握以下几点：

第一，需要掌握圆的快捷键：C。

第二，掌握 4 种组成圆的方式。

第三，掌握内切圆及外切圆的绘制。

2.3.1 指定圆心绘制圆对象

使用 C（圆）命令，可以快速绘制圆图形。具体步骤如下：

步骤 01 在绘图区中输入 C，第 1 个命令就是圆命令，如图 2-49 所示。

步骤 02 按【空格】键确认，命令行中会有相关提示，如果直接在绘图区中随意指定一点，这就是圆心的起点，然后通过一个半径来绘制圆对象，如图 2-50 所示。

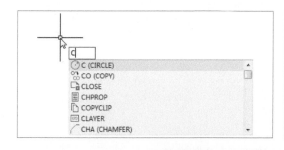

图 2-49 在绘图区中输入 C

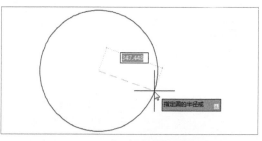

图 2-50 通过半径来绘制圆对象

▶ 专家指点

　单击"默认"面板中的"圆"按钮，也可以快速执行"圆"命令，绘制圆对象。

2.3.2 指定两点来绘制圆对象

下面介绍以两点来确定一个圆的方法，具体步骤如下：

步骤 01 在绘图区中输入 L（直线）命令并确认，绘制一条直线，如图 2-51 所示。

步骤 02 在绘图区中输入 C（圆）命令并确认，根据命令行提示进行操作，输入 2P（两点）命令并确认，命令行中提示指定圆直径的第一个端点，如图 2-52 所示。

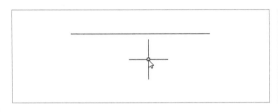

图 2-51　绘制一条直线

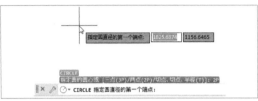

图 2-52　输入 2P（两点）命令并确认

步骤 03 此时，单击直线左侧的端点为圆直径的第一个端点；单击直线右侧的端点为圆直径的第二个端点，如图 2-53 所示。

步骤 04 执行操作后，即可通过指定两点来绘制圆对象，效果如图 2-54 所示。

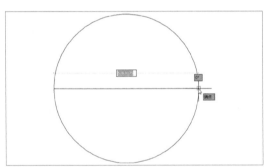

图 2-53　指定圆直径的两点

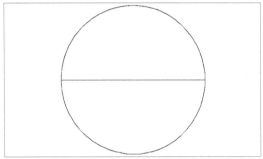

图 2-54　通过指定两点来绘制圆对象

2.3.3 指定 3 点来绘制圆对象

下面介绍以 3 点来确定一个圆的方法，具体步骤如下：

步骤 01 在绘图区中输入 L（直线）命令并确认，绘制一个三角形，如图 2-55 所示。

步骤 02 在绘图区中输入 C（圆）命令并确认，根据命令行提示进行操作，输入 3P（三点）命令并确认，命令行中提示相关信息，如图 2-56 所示。

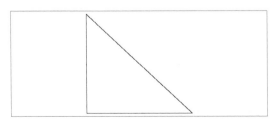

图 2-55　绘制一个三角形

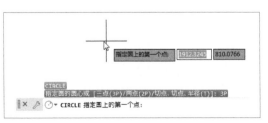

图 2-56　命令行中提示相关信息

步骤 03 根据命令行提示指定三角形上方第一个端点为圆的第一个点，如图 2-57 所示。

步骤 04 向下引导光标，指定三角形左下方的端点为圆的第二个点，如图 2-58 所示。

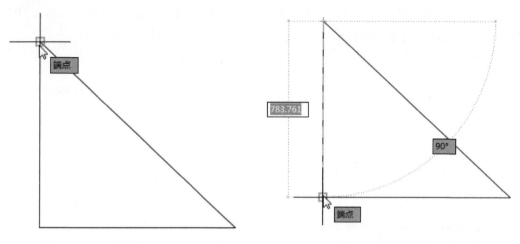

图 2-57 指定圆的第一个点　　　　　　　图 2-58 指定圆的第二个点

步骤 05 向右引导光标，指定三角形右下方的端点为圆的第三个点，如图 2-59 所示。

步骤 06 执行操作后，即可通过指定 3 点来绘制圆对象，效果如图 2-60 所示。

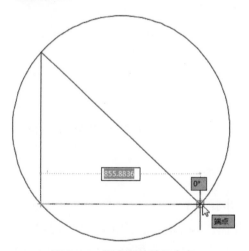
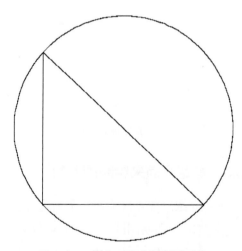

图 2-59 指定圆的第三个点　　　　　　　图 2-60 指定 3 点来绘制圆对象

2.3.4 绘制内切圆的方法

上面的三角形实例，是在三角形外面绘制的圆，下面介绍内切圆的方法，在三角形里面绘制圆对象。具体步骤如下：

步骤 01 在上一例的基础上，单击"绘图"面板中的"圆"下拉按钮，在弹出的列表框中选择"相切，相切，相切"选项，如图 2-61 所示，这个功能主要是做内切圆。

步骤 02 命令行中提示相关信息，指定圆上的第一个点，如图 2-62 所示。

图 2-61 选择"相切，相切，相切"选项

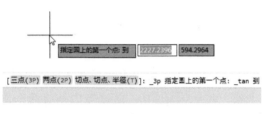

图 2-62 捕捉三角形上的第一个点

> ▶ 专家指点
>
> 在 AutoCAD 2020 中，显示菜单栏以后，在菜单栏中选择"绘图"|"圆"命令，在弹出的子菜单中选择相应的命令，也可以执行圆命令。

步骤 03 根据命令行提示进行操作，捕捉三角形上的第一个切点，如图 2-63 所示。

步骤 04 用与上述同样的方法，捕捉三角形上的第二个切点，如图 2-64 所示。

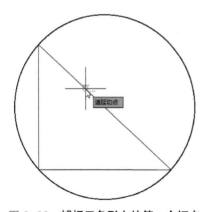

图 2-63 捕捉三角形上的第一个切点

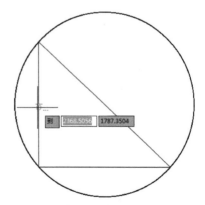

图 2-64 捕捉三角形上的第二个切点

步骤 05 用与上述同样的方法，捕捉三角形上的第三个切点，如图 2-65 所示。

步骤 06 执行操作后，即可通过内切圆的方法绘制圆，效果如图 2-66 所示。

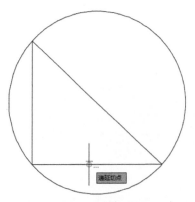

图 2-65　捕捉三角形上的第三个切点

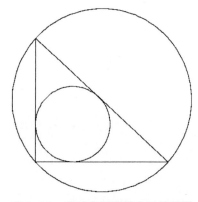

图 2-66　通过内切圆的方法绘制圆

▶ 专家指点

在图 2-61 所示的"圆"列表框中，各主要选项含义如下：

- "圆心，半径"按钮 ⊘圆心,半径 ：通过确定圆心和半径的方式来绘制圆。
- "圆心，直径"按钮 ⊘圆心,直径 ：通过确定圆心和直径的方式来绘制圆。
- "两点"按钮 ○两点 ：通过确定直径的两个端点来绘制圆。
- "三点"按钮 ○三点 ：通过确定圆周上的任意 3 个点来绘制圆。
- "相切，相切，半径"按钮 ⊘相切,相切,半径 ：通过与已知的两个图形对象相切的切点及半径来绘制圆。

2.3.5　运用圆工具绘制柜子立面图

上面学习了圆的基础知识，下面通过一个实例来强化一下圆工具的应用。

步骤 01　单击快速访问工具栏中的"打开"按钮，打开一幅素材图形，如图 2-67 所示。

步骤 02　在绘图区中输入 C 并确认，抽屉部分有一些辅助点，指定圆心，如图 2-68 所示。

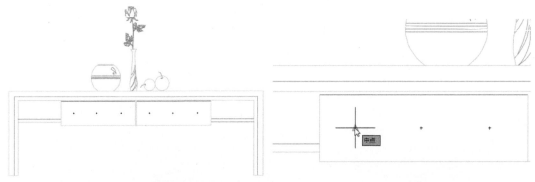

图 2-67　打开一幅素材图形　　　　　　图 2-68　指定圆心点

步骤 03　向外侧拖曳鼠标，设置圆的半径，这里输入 20，如图 2-69 所示。

步骤 04　按【Enter】键确认，绘制半径为 20 的圆，如图 2-70 所示。

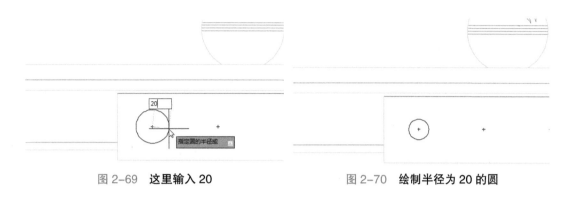

图 2-69　这里输入 20　　　　　　　　　图 2-70　绘制半径为 20 的圆

步骤 05　用与上述同样的方法，捕捉圆心点，依次向右绘制 5 个半径为 20 的圆，效果如图 2-71 所示。

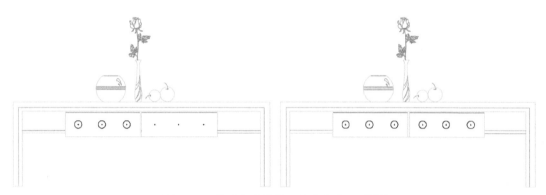

图 2-71　依次向右绘制 5 个半径为 20 的圆

2.4　工具 4：圆弧

使用"圆弧"命令可以绘制圆弧图形，圆弧是圆的一部分，绘制圆弧除了要指定圆心和半径外，还需要指定起始角和终止角。圆弧是在制图过程中常用的一些方法，首先需要掌握圆弧的快捷键：【A】，通过【A】键可以执行"圆弧"命令。

绘制圆弧时，主要通过一些辅助线来绘制，如果绘制那种没有数据的圆弧，那么在做图过程中意义不是很大的。所以，一般情况下，圆弧可以通过一些辅助线、辅助点来实现。

在 AutoCAD "默认"选项卡的"绘图"面板中单击"圆弧"按钮，在弹出的列表框中包括 11 种圆弧的绘制方法。下面介绍几种常用的圆弧绘制技巧。

2.4.1　通过"三点"命令绘制圆弧

"圆弧"列表框中的"三点"命令，是指通过三个点来确定一条圆弧。单击"绘图"面板中的"圆弧"按钮，在弹出的列表框中单击"三点"命令，即可在绘图区中指定三点来绘制一个圆弧，如图 2-72 所示。

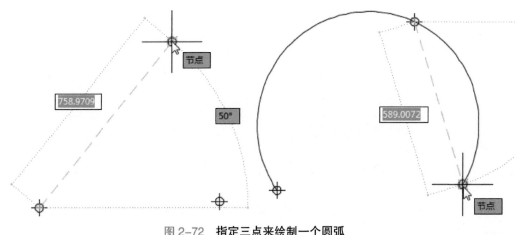

图 2-72　指定三点来绘制一个圆弧

这个"三点"功能笔者再延伸来讲一下，在实际量房的过程中，会碰到这样一个情况，阳台都有一个弧线，这种弧线是如何来确定的呢？在具体制图过程中，需要参考一个辅助线，通过辅助线就很容易实现了。具体步骤如下：

步骤 01　按【F8】键开启正交功能，执行 L（直线）命令并确认，右向引导光标输入 1200，按两次【空格】键确认，再次执行 L（直线）命令并确认，捕捉直线的中点，向上引导光标输入 300 并确认，如图 2-73 所示，通过这种辅助线可以确认阳台圆弧的 3 个点。

步骤 02　执行 A（圆弧）命令并确认，捕捉直线的 3 个端点，绘制圆弧，效果如图 2-74 所示。

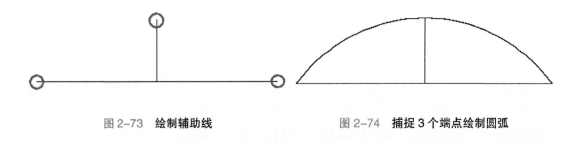

图 2-73　绘制辅助线　　　　　　　　　图 2-74　捕捉 3 个端点绘制圆弧

▶ 专家指点

以上就是"三点"确定一个圆弧的方法，也是用得最多的一种方法，大家可以多加练习，熟练掌握这种绘制圆弧的方法。

2.4.2　通过"起点，圆心，端点"命令绘制圆弧

"起点，圆心，端点"命令是指以起点、圆心、端点来绘制圆弧。

执行"起点，圆心，端点"命令，首先捕捉左侧的点为起点，然后经过圆心点，如图 2-75 所示；再捕捉右侧的点为端点，绘制圆弧，效果如图 2-76 所示。

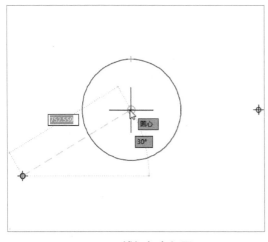

图 2-75　捕捉起点与圆心

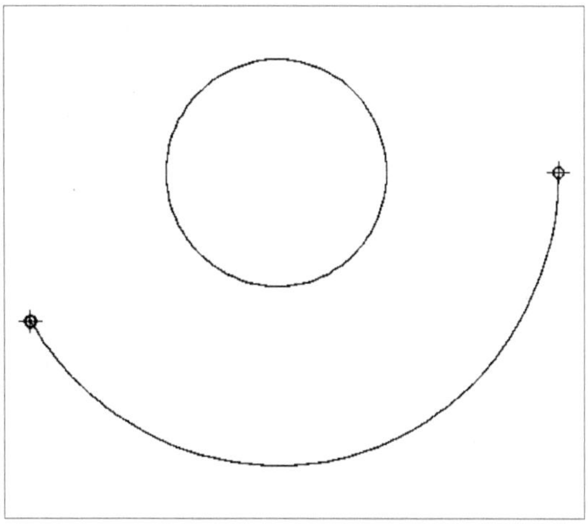

图 2-76　绘制圆弧效果

2.4.3　通过"起点，圆心，角度"命令绘制圆弧

"起点，圆心，角度"命令是指以起点、圆心、角度绘制圆弧。

执行"起点，圆心，角度"命令，首先捕捉左侧的点为起点，然后捕捉圆心，如图 2-77 所示；接下来会显示一个角度数值，这个角度表示当前图形的一个夹角，如图 2-78 所示，这里设置为 90° 并确认，即可绘制圆弧。

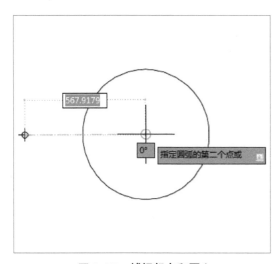

图 2-77　捕捉起点和圆心

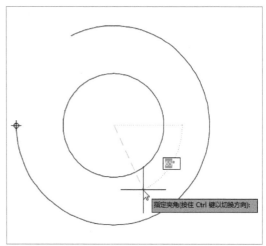

图 2-78　显示一个角度数值

2.4.4　通过"起点，圆心，长度"命令绘制圆弧

"起点，圆心，长度"命令是指以起点、圆心、弧长绘制圆弧。

执行"起点，圆心，长度"命令，首先捕捉左侧的点为起点，然后捕捉圆心，如图 2-79 所示；接下来会显示一个长度数值，这个长度表示当前的弧长，这里输入 700 并确认，即可绘制圆弧，效果如图 2-80 所示。

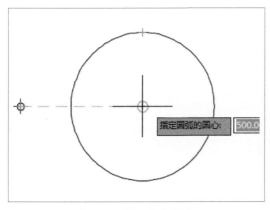

图 2-79　捕捉起点和圆心

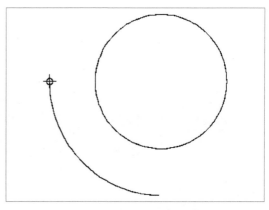

图 2-80　指定弧长绘制圆弧

2.4.5　通过"起点，端点，角度"命令绘制圆弧

"起点，端点，角度"命令是指以起点、端点、角度绘制圆弧。

执行"起点，端点，角度"命令，首先捕捉三角形左下方的点为起点，然后捕捉右下方的点为端点，如图 2-81 所示；接下来会显示一个角度数值，角度的数值越大，弧长的弧度越大，如图 2-82 所示，设置角度参数后，按【Enter】键确认，即可绘制圆弧。

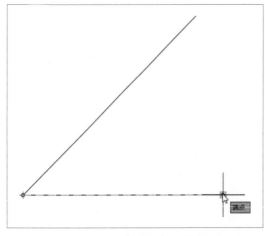

图 2-81　捕捉起点与端点

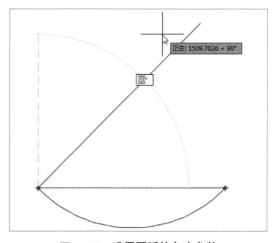

图 2-82　设置圆弧的角度参数

关于圆弧的绘制方法，笔者就讲到这里，"圆弧"列表框中后面几个绘制圆弧的命令，在操作上大同小异，大家可以根据命令行提示进行圆弧的绘制。

2.5　工具 5：矩形

学习矩形工具的绘制前，需要掌握以下几个知识点：

第一，要掌握矩形工具的快捷键 REC。

第二，需要快速确定矩形的长度与宽度数据。

第三，要学会切角与圆角的绘制技巧。

2.5.1　认识矩形的长度与宽度数值

矩形是由长度与宽度组成的一个图形，首先，在绘图区中输入 REC（矩形）命令，如图 2-83 所示；按【空格】键执行命令，随意在绘图区中指定矩形的第 1 个点，然后向右侧拖曳鼠标，显示矩形框，如图 2-84 所示。

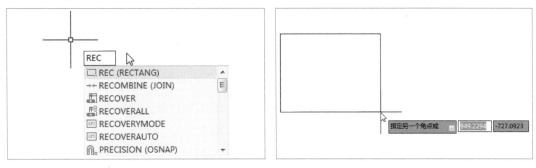

图 2-83　输入 REC（矩形）命令　　　　图 2-84　向右拖曳显示矩形框

在矩形框的右侧有两个数值框，第 1 个数值表示当前矩形的长度，第 2 个数值表示当前矩形的宽度或高度，如图 2-85 所示。

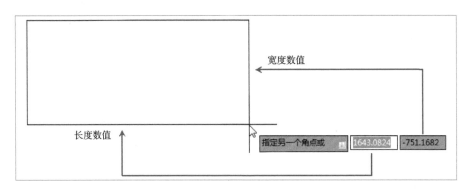

图 2-85　长度与宽度的数值显示

数值框中的正数或负数，表示在创建矩形过程中的方向，数据的切换主要使用【Tab】键来操作，输入好长度数值后，按【Tab】键即可切换至宽度数值。这里给大家演示一下具体的操作。执行 REC（矩形）命令后，首先输入 1200，如图 2-86 所示。

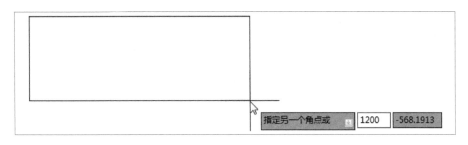

图 2-86　矩形命令后首先输入 1200

然后按【Tab】键，即可切换至宽度数值，输入 600，如图 2-87 所示；按【空格】键确认，即可绘制一个长度为 1200、宽度为 600 的矩形，如图 2-88 所示。

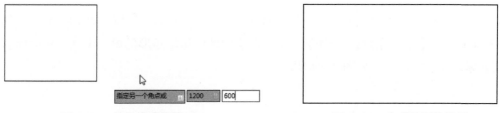

图 2-87　输入宽度数值 600　　　　　　　　　图 2-88　完成矩形的绘制

2.5.2　绘制倒角矩形的方法

倒角矩形在绘图中也是比较常用的，下面介绍绘制倒角矩形的操作方法。

步骤 01　在命令行中输入 REC（矩形）命令，按【空格】键确认，根据命令行提示进行操作，C 表示倒角，这里输入 C，如图 2-89 所示，按【空格】键确认。

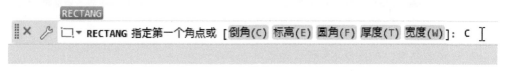

图 2-89　输入 C（倒角）

步骤 02　设置第一个倒角距离，输入 100，按【空格】键确认；然后设置第二个倒角距离，再次输入 100，如图 2-90 所示，按【空格】键确认。

步骤 03　在绘图区中指定矩形的两点，绘制倒角矩形，效果如图 2-91 所示。

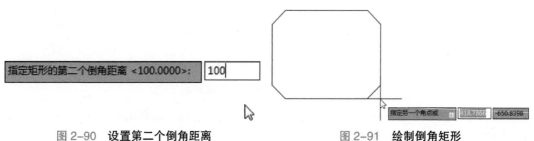

图 2-90　设置第二个倒角距离　　　　　　　　图 2-91　绘制倒角矩形

这里有一个细节需要大家注意一下，有时我们设置了倒角参数后，在绘制矩形的时候没有显示出倒角的效果，这是为什么呢？这是很多初学者容易犯的一个问题，这里面涉及一个比例。假如绘制的长宽是 100×200 的矩形，而倒角距离设置为 200 的话，那么绘制出来的矩形是没有倒角效果的。这时，要么将矩形的长宽数值调大一点，要么将倒角的距离调小一点，这样倒角效果才能正常显示出来。

2.5.3　绘制圆角矩形的方法

圆角矩形是指矩形的四个角呈圆角形状。圆角矩形是绘图过程中常用到的功能，如圆角书桌、圆角桌椅等。下面介绍绘制圆角矩形的方法。

步骤 01 在命令行中输入 REC（矩形）命令，按【空格】键确认，根据命令行提示进行操作，F 表示圆角，这里输入 F，如图 2-92 所示，按【空格】键确认。

图 2-92 输入 F（圆角）

步骤 02 指定圆角半径为 50，如图 2-93 所示，按【空格】键确认。

步骤 03 在绘图区中指定矩形的两点，绘制圆角矩形，效果如图 2-94 所示。

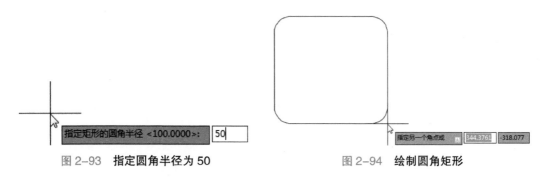

图 2-93 指定圆角半径为 50

图 2-94 绘制圆角矩形

2.5.4 运用矩形工具绘制简易办公桌椅

上面学习了矩形的基础知识，掌握了倒角矩形与圆角矩形的绘制方法，下面通过一个实例来强化矩形工具的应用。

步骤 01 输入 REC（矩形）命令，按【空格】键确认，绘制一个长度为 1400、宽度为 600 的矩形图形，如图 2-95 所示。

步骤 02 输入 O（偏移）命令，按【空格】键确认，指定偏移距离为 30，选择矩形向内部进行偏移处理，如图 2-96 所示，办公桌正面就绘制好了。

图 2-95 绘制一个矩形图形

图 2-96 对矩形进行偏移处理

步骤 03 接下来绘制圆角的办公椅。输入 REC（矩形）命令，按【空格】键确认，输入 F 并确认，指定圆角半径为 40，在绘图区中绘制一个长度为 450、宽度为 400 的圆角矩形，如图 2-97 所示。

步骤 04 接下来绘制沙发四周的靠椅图形。输入 REC（矩形）命令，按【空格】键确认，输入 F 并确认，指定圆角半径为 20，在绘图区中的适当位置绘制 3 个圆角矩形图形，自己掌握一下矩形的距离和大小，如图 2-98 所示。至此，完成简易办公桌椅的绘制。

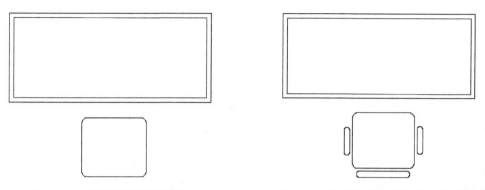

图 2-97　绘制圆角办公椅主体　　　　　　　图 2-98　绘制圆角办公椅的扶手与靠背

▶ 专家指点

除了运用上述方法可以调用"矩形"命令外，还有以下两种方法。

- 命令：选择菜单栏中的"绘图"|"矩形"命令。
- 按钮：切换至"默认"选项卡，单击"绘图"面板中的"矩形"按钮▢。

2.6　工具 6：多边形

学习多边形工具时，需要掌握两点：第一点是掌握多边形的快捷键 POL，第二点是学会绘制内切于圆与外切于圆的多边形。

2.6.1　绘制一个简单的多边形图形

使用"多边形"命令可以绘制多边形图形，边数可以自由设定，多边形是指具有等边、等角的封闭几何图形。下面介绍绘制一个简单多边形的方法，教大家多边形的基本应用。

步骤 01　在命令行中输入 POL（多边形）命令，如图 2-99 所示。

步骤 02　按【空格】键确认，输入多边形的边数为 6，按【空格】键确认，根据命令行提示进行操作，指定多边形的中心点，如图 2-100 所示。

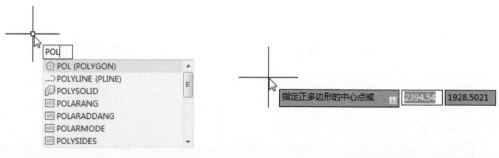

图 2-99　输入 POL（多边形）命令　　　　　图 2-100　指定多边形的中心点

步骤 03　根据弹出的快捷菜单提示，选择"内切于圆"选项，然后指定圆的半径参数，如图 2-101 所示。

步骤 04　设置好圆的半径后并确认，或者在适当位置单击，即可完成多边形的绘制操作，效果如图 2-102 所示。

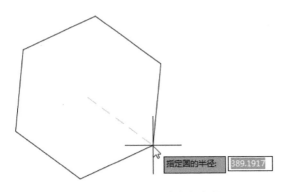

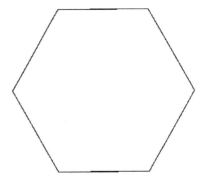

图 2-101　**指定圆的半径参数**　　　　图 2-102　**完成多边形的绘制操作**

▶ 专家指点

除了运用上述方法可以调用"多边形"命令外，还有以下两种方法。

● 命令：选择菜单栏中的"绘图" | "多边形"命令。

● 按钮：切换至"默认"选项卡，单击"绘图"面板中的"多边形"按钮⬠。

2.6.2　绘制外切于圆的多边形图形

多边形外切于圆与内切于圆是如何绘制的呢？先从外切于圆开始讲起，以操作步骤的形式向大家进行展示。

步骤 01　以上一例绘制的简单多边形为例，首先通过 L（直线）命令绘制 3 条辅助线，如图 2-103 所示。

步骤 02　以辅助线的中点到多边形角的距离为一个圆的半径，这就是外切于圆的多边形，输入 C（圆）命令并确认，捕捉辅助线的中心，如图 2-104 所示。

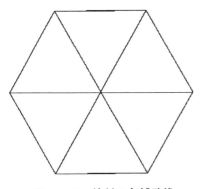

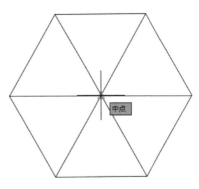

图 2-103　**绘制 3 条辅助线**　　　　图 2-104　**捕捉辅助线的中心**

步骤 03 延长辅助线的中心到端点的距离绘制一个圆，通过这种方式就能绘制好外切于圆的多边形，如图 2-105 所示。

步骤 04 接下来删除辅助线，图形最终效果如图 2-106 所示。

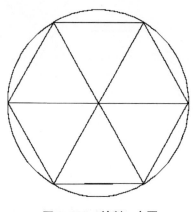

图 2-105 绘制一个圆

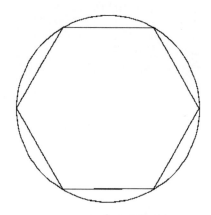

图 2-106 图形最终效果

2.6.3 绘制内切于圆的多边形图形

上面讲解了外切于圆的多边形绘制方法，接下来介绍内切于圆的多边形绘制技巧，具体步骤如下。

步骤 01 在 2.6.1 节多边形效果的基础上，首先通过 L（直线）命令绘制两条辅助线，如图 2-107 所示。

步骤 02 再次执行 L（直线）命令，捕捉辅助线的交心为第一点，捕捉多边形的垂足点为第二点，绘制一条直线，如图 2-108 所示。

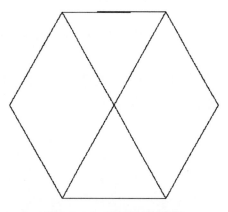

图 2-107 绘制两条辅助线

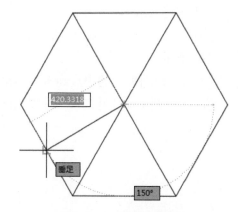

图 2-108 绘制一条直线

步骤 03 输入 C（圆）命令并确认，捕捉辅助线的交心为圆心的起始点；延长直线捕捉端点为圆的半径大小，如图 2-109 所示。

步骤 04 按【空格】键确认，即可完成内切于圆的绘制，删除辅助线，如图 2-110 所示。

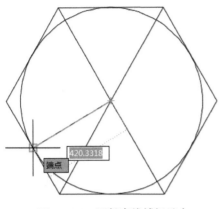

图 2-109　延长直线捕捉端点

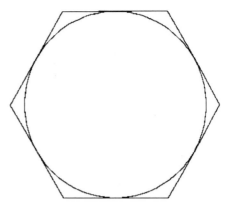

图 2-110　完成内切于圆的绘制

2.7　工具 7：椭圆

"椭圆"命令用于绘制椭圆图形，椭圆是由定义了长度和宽度的两条轴决定的，其中较长的轴为长轴，较短的轴为短轴。在学习椭圆的知识时，需要掌握以下几点：

第一，需要掌握椭圆的快捷键：EL。

第二，需要掌握椭圆的三种组成方式。

下面针对相关内容进行详细介绍。

2.7.1　通过圆心绘制椭圆图形

通过圆心绘制椭圆图形的方法很简单，它是通过一个半径和一个长度数值来实现的，只需要指定圆心的中心点即可进行绘制，具体步骤如下。

步骤 01　在命令行中输入 EL（椭圆）命令，如图 2-111 所示。

步骤 02　按【空格】键确认，根据命令行提示进行操作，指定椭圆起点，如图 2-112 所示。

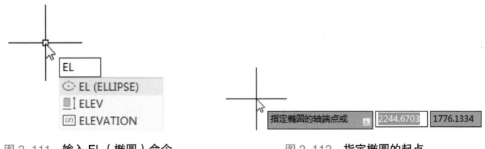

图 2-111　输入 EL（椭圆）命令　　　　图 2-112　指定椭圆的起点

步骤 03　指定椭圆的起点后，向右引导光标，输入 1000，表示椭圆的长度，按【空格】键确认，如图 2-113 所示。

步骤 04　接下来指定椭圆的半径。如果需要绘制一个总宽为 500 的椭圆，在宽度或半径数值框中输入 250，按【空格】键确认，即可绘制椭圆，效果如图 2-114 所示。

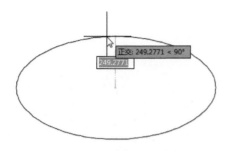

图 2-113　绘制椭圆的长度

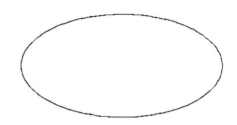

图 2-114　绘制椭圆的半径

2.7.2　通过"轴，端点"绘制椭圆图形

通过"轴，端点"绘制椭圆图形时，需要使用辅助线来绘制图形，具体步骤如下。

步骤 01　执行 L（直线）命令，绘制一条长度为 1000 的直线；继续执行 L（直线）命令，捕捉直线的中点向上引导光标，绘制长度为 300 的垂直线，如图 2-115 所示。

步骤 02　在"绘图"面板中单击"椭圆"右侧的下拉按钮，在弹出的列表框中选择"轴，端点"命令，如图 2-116 所示。

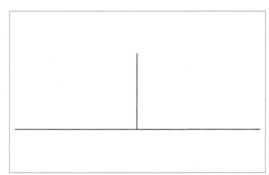

图 2-115　绘制两条辅助线

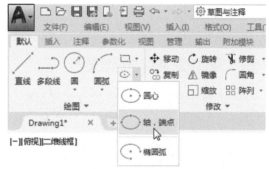

图 2-116　选择"轴，端点"命令

步骤 03　捕捉直线左侧的端点，如图 2-117 所示。

步骤 04　捕捉直线右侧的端点，指定椭圆的长度，如图 2-118 所示。

图 2-117　捕捉直线左侧的端点

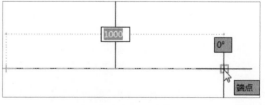

图 2-118　指定椭圆的长度

步骤 05　捕捉垂直直线的上端点为椭圆的半径，如图 2-119 所示。

步骤 06　即可通过"轴，端点"绘制椭圆图形，效果如图 2-120 所示。

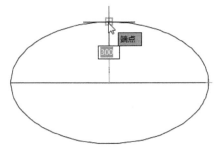

图 2-119 指定椭圆的半径

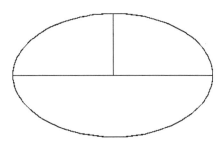

图 2-120 绘制椭圆图形

2.7.3 通过"椭圆弧"绘制椭圆图形

使用"椭圆弧"命令可以绘制带有缺口的椭圆图形，下面介绍具体的绘制方法。

步骤 01 在"绘图"面板中单击"椭圆"右侧的下拉按钮，在弹出的列表框中选择"椭圆弧"命令，如图 2-121 所示。

步骤 02 按照前面的绘图方法绘制一个长度为 1000、半径为 250 的椭圆，如图 2-122 所示。

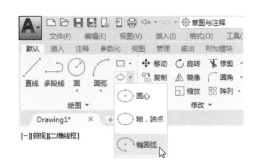

图 2-121 选择"椭圆弧"命令

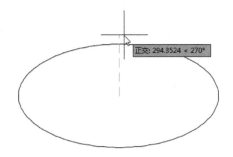

图 2-122 提示指定起点角度

步骤 03 接下来界面中会提示指定起点角度，输入角度为 0，按【空格】键确认，如图 2-123 所示。

步骤 04 如果希望椭圆留出 1/4 的缺口，则角度应该是 270°，因为一个圆的总长度是 360°，这里输入 270 并确认，即可绘制椭圆弧，效果如图 2-124 所示。

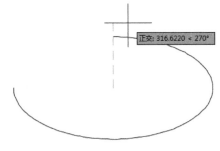

图 2-123 输入角度为 0 并确认

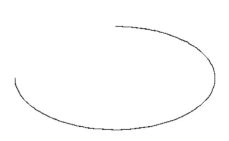

图 2-124 绘制椭圆弧的效果

2.7.4　运用椭圆工具绘制简易洗脸盆

上面学习了椭圆的基础知识，掌握了多种椭圆图形的绘制方法，下面通过一个实例来强化一下椭圆工具的应用。

步骤 01　输入 EL（椭圆）命令，按【空格】键确认，绘制一个长度为 500、半径为 190 的椭圆图形，如图 2-125 所示。

步骤 02　输入 O（偏移）命令并确认，指定偏移距离为 30 并确认，如图 2-126 所示。

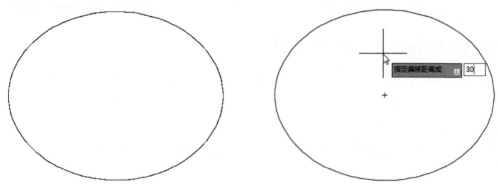

图 2-125　绘制一个椭圆图形　　　　图 2-126　指定偏移距离为 30

步骤 03　选择椭圆对象，然后向椭圆内进行偏移处理，如图 2-127 所示。

步骤 04　用与上述同样的方法，输入 O（偏移）命令并确认，对偏移后的椭圆图形再次进行偏移处理，偏移距离为 9，图形效果如图 2-128 所示。

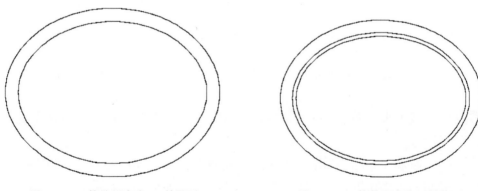

图 2-127　偏移距离为 30 的图形　　　　图 2-128　偏移距离为 9 的图形

步骤 05　执行 L（直线）命令，捕捉圆心，在图形上绘制一条长度为 125 的垂直辅助线，如图 2-129 所示。

步骤 06　执行 L（直线）命令，捕捉新绘制的垂直辅助线的上端点，向右引导光标，输入 30 并确认；执行 L（直线）命令，捕捉新绘制的垂直辅助线的下端点，向右引导光标，输入 10 并确认，继续执行 L（直线）命令，连接新绘制的两条直线右端点，效果如图 2-130 所示。

步骤 07　接下来对图形进行镜像操作。执行 MI（镜像）命令并确认，选择需要镜像的 3 条直线，如图 2-131 所示。

步骤 **08**　按【空格】键确认，捕捉垂直辅助线的上下端点，对图形进行镜像操作，然后删除垂直辅助线，效果如图 2-132 所示。

步骤 **09**　关闭正交与对象捕捉功能，执行 L（直线）命令并确认，在绘图区中绘制多条不规则的直线，如图 2-133 所示。

步骤 **10**　再次对新绘制的多条直线进行镜像处理。执行 MI（镜像）命令并确认，选择新绘制的多条不规则直线，按【空格】键确认，捕捉直线的上下中点，对直线进行镜像处理，效果如图 2-134 所示。

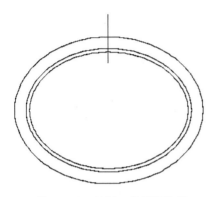

图 2-129　**绘制一条垂直直线**

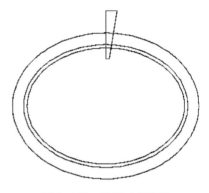

图 2-130　**绘制 3 条直线**

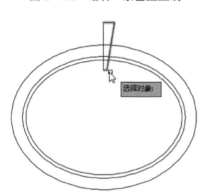

图 2-131　**选择需要镜像的 3 条直线**

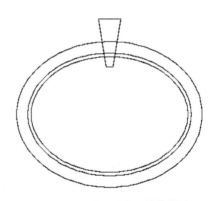

图 2-132　**对图形进行镜像操作**

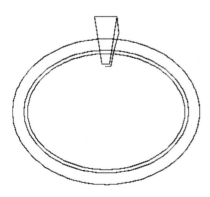

图 2-133　**绘制多条不规则的直线**

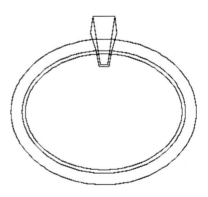

图 2-134　**对直线进行镜像处理**

步骤 11 在水龙头的位置，通过捕捉相应端点绘制两条辅助线，如图 2-135 所示。

步骤 12 执行 C（圆）命令并确认，在辅助线交点位置绘制一个小小的圆，然后删除辅助线，效果如图 2-136 所示。

步骤 13 执行 TR（修剪）命令并确认，对水龙头位置的圆进行修剪，如图 2-137 所示。

步骤 14 执行 C（圆）命令并确认，在绘图区中的相应位置绘制多个圆，执行 O（偏移）命令，可以对圆进行偏移处理，制作好的洗脸盆效果如图 2-138 所示。

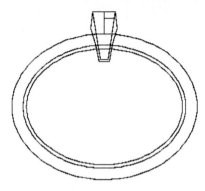

图 2-135　绘制两条辅助线

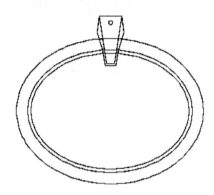

图 2-136　绘制一个小小的圆

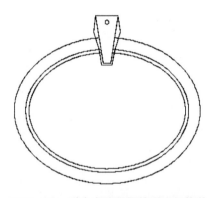

图 2-137　对水龙头位置的圆进行修剪

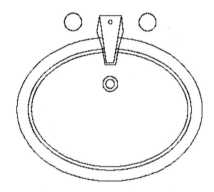

图 2-138　制作好的洗脸盆效果

在本节案例的制图过程中运用到了许多新的功能和命令，如修剪命令、镜像命令等，在后面的章节中会对这些功能进行详解说明。

2.8　工具 8：构造线、多线

构造线是一条没有起点和终点的两端无限延长的直线，主要用来绘制辅助线和修剪边界，在室内装潢设计中常用来作为辅助线。多线图形是由等宽或不等宽的直线或圆弧等多条线段构成的特殊线段，这些线段所构成的图形是一个整体，可以对其进行相应的编辑。本节主要介绍构造线与多线的绘图技巧。

多线是结合中轴线来绘制建筑墙体的，这个中轴线就是由构造线来实现的，构造线多用于一些辅助线。接下来介绍构造线的应用。

2.8.1　通过构造线绘制建筑的框架

首先，需要掌握构造线的快捷键 XL，下面介绍通过构造线绘制建筑辅助线框架的方法，方便我们使用多线工具进行墙体的绘制，具体步骤如下。

步骤 01　输入 XL（构造线）命令，按【空格】键确认，根据命令行提示进行操作，输入 V（垂直）并确认，表示绘制一条垂直的构造线，在绘图区中的适当位置单击，绘制一条垂直构造线，如图 2-139 所示。

步骤 02　接下来通过 O（偏移）命令对构造线进行偏移处理。执行 O（偏移）命令并确认，输入 1300 并确认，将构造线向右进行偏移，如图 2-140 所示。

步骤 03　按两次【空格】键确认，依次将构造线向右偏移 3 次，偏移的距离分别为2900、3000、900，如图 2-141 所示。

步骤 04　接下来绘制水平构造线。输入 XL（构造线）命令并确认，输入 H（水平）并确认，在绘图区中的适当位置单击，绘制一条水平构造线，如图 2-142 所示。

图 2-139　绘制一条构造线　　　　　　　图 2-140　对构造线进行偏移处理

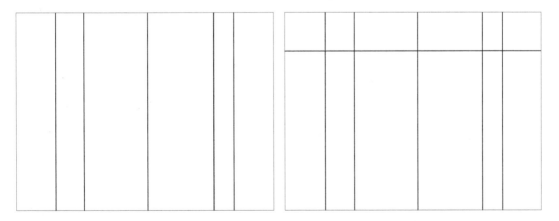

图 2-141　对构造线进行偏移处理　　　　图 2-142　绘制水平构造线

步骤 05　执行 O（偏移）命令并确认，依次将水平构造线向下偏移 5 次，偏移的距离分别为 1800、3900、2100、2052、2448，如图 2-143 所示。

步骤 06 至此，构造线就绘制完成了，在"图层特性管理器"面板中更改线型的颜色为红色，线型的样式为 CENTER，全局比例因子为 20，效果如图 2-144 所示。在后面的章节中会详细讲解图层的应用，这里不做过多介绍。

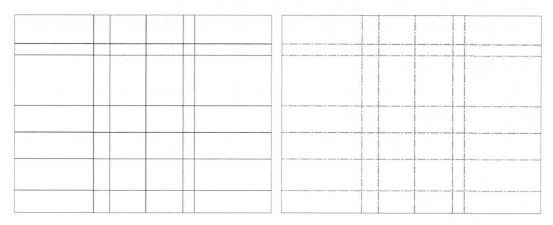

图 2-143　偏移 5 次水平构造线　　　　图 2-144　设置构造线的线型样式

2.8.2　通过多线绘制建筑的墙体

上一节通过构造线工具将墙体的辅助线设计完成了，接下来通过多线命令绘制建筑的墙体。首先需要掌握多线的快捷键 ML，具体步骤如下：

步骤 01 输入 ML（多线）命令，如图 2-145 所示。

步骤 02 按【空格】键确认，根据命令行提示进行操作，输入 J（对正）并确认，在弹出的快捷菜单中选择"无"选项，如图 2-146 所示。

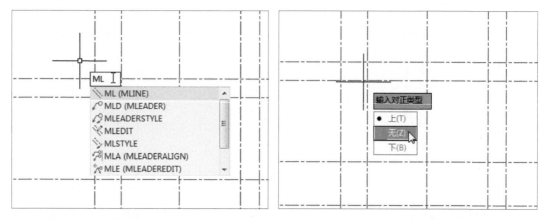

图 2-145　输入 ML（多线）命令　　　　图 2-146　选择"无"选项

步骤 03 根据命令行提示进行操作，输入 S（比例）并确认，设置比例为 240 并确认，然后开始延构造线绘制墙体，如图 2-147 所示。

步骤 04 执行 O（偏移）命令，将第 3 根垂直构造线向右偏移 1374，然后执行 ML（多线）命令，绘制其他墙体线段，效果如图 2-148 所示。

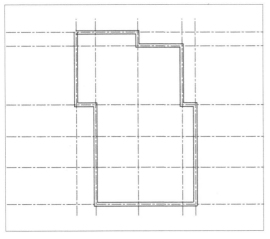 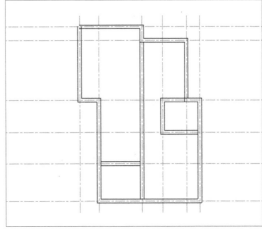

图 2-147　开始绘制墙体　　　　　　图 2-148　绘制其他墙体线段

2.9　工具 9：图案填充

图案填充对象用于显示某个区域或标识某种材质（如钢或混凝土）的线和点组成的标准图案，它还可以显示实体填充或渐变填充。在 AutoCAD 2020 中讲解填充工具的时候，要求掌握图形的如下 4 个知识点：

第一，掌握填充的快捷键 H。

第二，学会填充图案。

第三，学会等比例的填充图案。

第四，学会加载一些额外的、我们自己搜集的好的图案。

首先，学习如何填充图案。

2.9.1　什么是图案填充

在 AutoCAD 2020 中输入 H（图案填充）命令，按【空格】键确认，即可进入图案填充绘图命令。那么，什么是图案填充呢？在实际绘图中，要表现一些材料的质感，往往是通过加载这些图案来实现的。

如果自己去绘制这些图案的话，有两个不利的因素：第一，会花费很多时间，而且还没有效率；第二，我们绘制出来的图案往往达不到想要的质感，包括光影的质感，这些效果我们是无法实现的。基于这两点的考虑，我们都是通过填充、加载图案来绘制和实现的。那么，该如何去加载这些图案呢？首先，从图案填充的一些实用参数开始讲起。输入 H（图案填充）命令以后，可以通过两种方法来创建图案填充。

第一种方法：在展开的"图案填充创建"选项卡中，通过一些填充的选项、按钮及功能来实现图案的填充，如图 2-149 所示。

图 2-149 "图案填充创建"选项卡

"图案填充创建"选项卡中各面板的主要含义如下。

·"边界"面板：主要用于指定图案填充的边界，用户可以通过指定对象封闭区域中的点或者封闭区域的对象等方法来确定填充边界，通常使用"拾取点"按钮 和"选择边界对象"按钮 进行选择。

·"图案"面板：在该面板中单击"图案填充图案"中间的下拉按钮，在弹出的下拉列表框中可以选择合适填充图案类型。

·"特性"面板：在该面板中包含了图案填充的各个特性，包括图案填充的类型、图案填充透明度、角度和比例等，用户可以根据填充需要设置相应的参数。

·"原点"面板：在默认情况下，填充图案始终相互对齐，但有时用户可能需要移动图案填充的原点，这时需要单击该面板上的"设定原点"按钮 ，在绘图区中拾取新的原点，以重新定义原点位置。

·"选项"面板：默认情况下，有边界的图案填充是关联的，即图案填充对象与图案填充边界对象相关联，对边界对象的更改将自动应用于图案填充。

·"关闭"面板：在完成所有相应操作后，单击"关闭"面板上的"关闭图案填充创建"按钮 ，即可关闭该选项卡，完成图案填充操作。

第二种方法：在命令行中输入 T（设置）命令并确认，弹出"图案填充和渐变色"对话框，通过该对话框对图形进行图案填充操作，如图 2-150 所示。

图 2-150 "图案填充和渐变色"对话框

2.9.2　对户型图进行图案填充

在"图案填充和渐变色"对话框中有许多图案填充样式,但最为实用的主要有如下 3 点:

第一,通过"添加:拾取点"或者"添加:选择对象"按钮来拾取需要填充的图形区域,这是图案填充的第一个流程。

第二,加载想要的一些图案样式。

第三,学会图案填充的比例控制。

首先从拾取图形进行图案填充的操作开始学起,在"图案填充和渐变色"对话框中单击"添加:拾取点"按钮,返回绘图区,拾取需要填充的图形。这里需要注意一点,拾取的图形对象必须是一个封闭的图形区域,如果拾取的是开放的图形区域,CAD 会弹出提示信息框,提示用户无法确定闭合的边界,如图 2–151 所示。

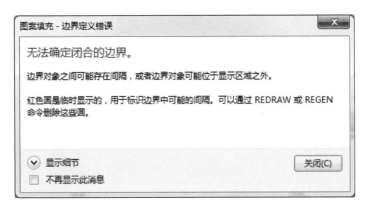

图 2–151　**提示用户无法确定闭合的边界**

所以,在图案填充的过程中,一定要拾取封闭的图形区域,如图 2–152 所示。

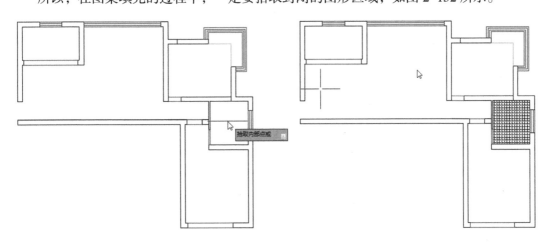

图 2–152　**一定要拾取封闭的图形区域**

图 2–152 填充的图形区域为什么这么密集呢? 这是图形比例的设置问题,可以通过比例来控制图案填充的大小。在"特性"面板中可以看到,当前的图案填充比例是 20,如图 2–153 所示。这个数值越大,图案填充越稀疏;数值越小,图案填充越密集。

图 2-153　当前的图案填充比例是 1：1

将图案填充比例修改为 50 之后，再来看看填充效果，如图 2-154 所示。现在的填充效果看上去图案就比较稀疏了，自然很多。

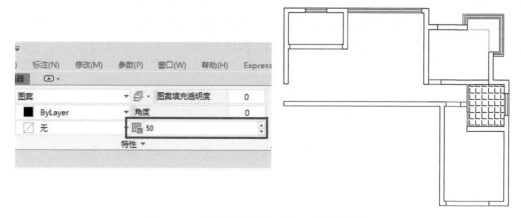

图 2-154　修改图案填充比例之后的填充效果

2.9.3　更改填充的图案样式

如果对于填充的图案样式不满意，可以对填充的图案进行修改，下面介绍更改填充的图案样式的操作方法。

步骤 01　单击快速访问工具栏中的"打开"按钮，打开一幅素材图形，如图 2-155 所示。

步骤 02　在绘图区中选择需要更改的图案样式，使图案样式呈选中状态，如图 2-156所示。

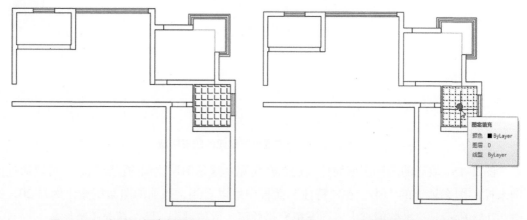

图 2-155　打开一幅素材图形　　　　　图 2-156　选择需要更改的图案样式

步骤 03 图案样式被选中后，将自动激活"图案填充编辑器"选项卡，在其中展开"图案"面板，在列表框中选择需要的图案样式，如图 2-157 所示。

步骤 04 执行操作后，即可更改图案的填充样式，按【Esc】键退出编辑状态，查看成品图形效果，如图 2-158 所示。

> ▶ 专家指点
>
> 　　使用不同的图案填充样式时，需要设置合适的图案填充比例，这样填充的图案效果才美观，否则会给人一种不自然的感觉，影响了整个建筑图纸的美观性。

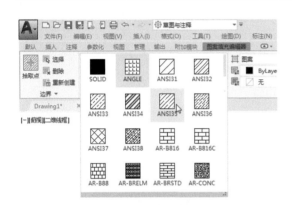

图 2-157　选择需要的图案样式

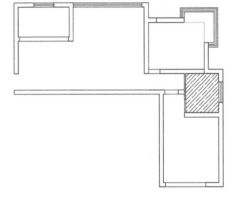

图 2-158　更改图案的填充样式

2.9.4　填充 800×800 的地砖图案

在设计户型图纸时，有些房间地板贴的是 800×800 的地砖，这时可以使用图案填充功能来表示地砖的图案样式，具体步骤如下。

步骤 01 以上一例的效果为例，首先执行 L（直线）命令，将左侧绘制成一个封闭的区间，如图 2-159 所示。

步骤 02 在"默认"选项卡的"绘图"面板中单击"图案填充"右侧的下拉按钮，在弹出的列表框中选择"图案填充"命令，如图 2-160 所示。

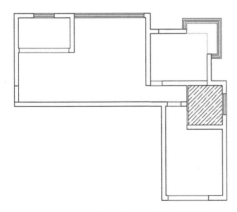

图 2-159　绘制成一个封闭的区间

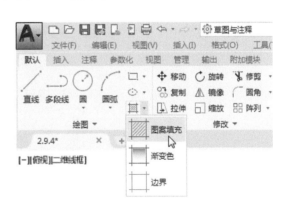

图 2-160　选择"图案填充"命令

步骤 03 在"特性"面板中单击"图案填充类型"下拉按钮,在弹出的列表框中选择"用户定义"选项, 如图 2-161 所示。

步骤 04 展开"特性"面板,单击"双"按钮,使其呈选中状态,在右侧设置"图案填充间距"为 800,表示 800*800 的比例,如图 2-162 所示。

步骤 05 设置完成后,将鼠标移至绘图区中需要填充图案的区域,选择相应的封闭线段区域,即可进行图案填充,图 2-163 所示为 800×800 的正方形地砖效果。

步骤 06 如果有一些房间是贴的斜线地砖,此时可以在"特性"面板中设置"图案填充角度"为 45,如图 2-164 所示。

步骤 07 执行操作后,即可填充斜线式的 800×800 的地砖效果,如图 2-165 所示。

图 2-161　选择"用户定义"选项

图 2-162　设置"图案填充间距"为 800

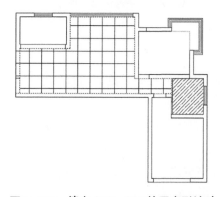

图 2-163　填充 800×800 的正方形地砖

图 2-164　设置"图案填充角度"为 45

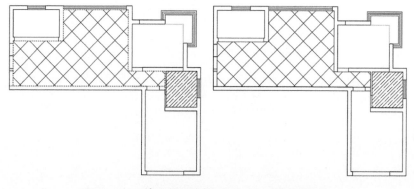

图 2-165　填充斜线式的 800×800 的地砖效果

2.9.5　填充户型图中木地板的图案

填充木地板图案的操作方法与填充普通图案的操作方法是一样的，只是要注意填充图案的选择，具体步骤如下。

步骤 01　以上一例的效果为例，对右侧的两个空白区域进行图案填充，如图 2-166 所示。

步骤 02　依次选择填充的两个地砖图案样式，如图 2-167 所示。

步骤 03　展开"图案"面板，在列表框中选择木地板图案样式，如图 2-168 所示。

步骤 04　执行操作后，即可更改为木地板的地砖图案，如图 2-169 所示，为什么填充出来的样式这么奇怪呢？有些地方还显示的全白，这是因为图案填充的比例设置有问题。

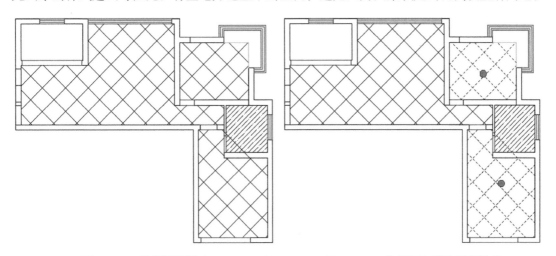

图 2-166　进行图案填充　　　　　图 2-167　选择两个地砖图案样式

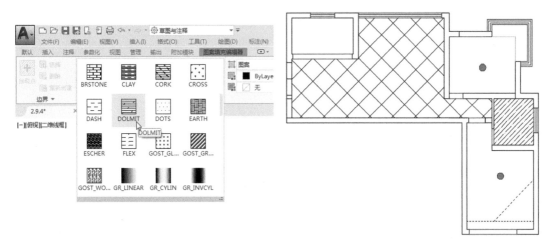

图 2-168　选择木地板图案样式　　　图 2-169　更改为木地板的地砖图案

步骤 05　在面板中设置"图案填充间距"为 40、"图案填充角度"为 0，如图 2-170 所示。

步骤 06　执行操作后，即可将地砖的样式填充为木地板，效果如图 2-171 所示。

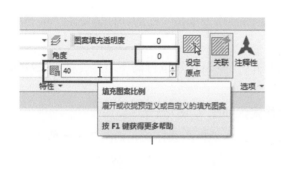

图 2-170　设置间距与角度参数

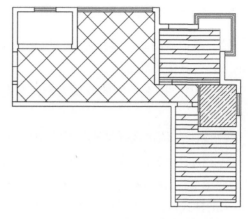

图 2-171　将地砖的样式填充为木地板

2.10　工具 10：点工具应用

点不仅是组成图形最基本的元素，还经常用来标识某些特殊的部分，如绘制直线时需要确定端点，绘制圆或圆弧时需要确定相应的圆心等。

在学习点工具之前，需要掌握 3 点：第一，学会点工具的快捷键 PO；第二，学会绘制定距等分点；第三，学会绘制定数等分点。

下面先介绍点工具的快捷键应用，教大家绘制简单的点图形。

2.10.1　掌握点工具的基本应用

使用 OP（单点）命令可以绘制单点图形，绘制单点就是执行一次命令后只能指定一个点。下面介绍通过 OP（单点）命令绘制点对象的操作方法。

步骤 01 单击快速访问工具栏中的"打开"按钮，打开一幅素材图形，如图 2-172 所示。

步骤 02 在"默认"选项卡的"实用工具"面板中单击右侧的下拉按钮，在弹出的列表框中选择"点样式"选项，如图 2-173 所示。

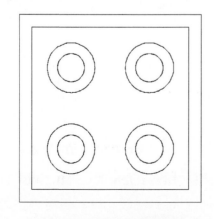

图 2-172　打开一幅素材图形

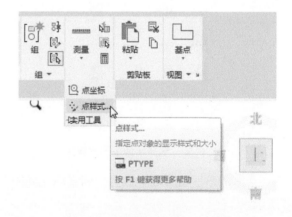

图 2-173　选择"点样式"选项

步骤 03 弹出"点样式"对话框,在其中选择第 2 排第 4 个点样式,如图 2-174 所示。

步骤 04 单击"确定"按钮,执行 PO(单点)命令并确认,指定圆点,如图 2-175 所示。

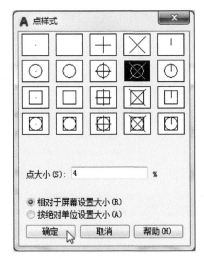

图 2-174 **选择点样式**

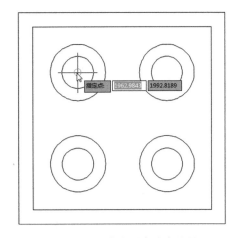

图 2-175 **指定圆点为点位置**

步骤 05 单击,即可在圆心位置添加一个单点,如图 2-176 所示。

步骤 06 再次按【空格】键,重复执行上一次命令,在绘制区中的其他位置添加多个单点对象,效果如图 2-177 所示,完成点对象的绘制。

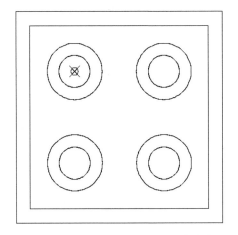

图 2-176 **在圆心位置添加一个单点**

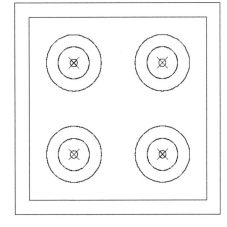

图 2-177 **添加多个单点对象**

2.10.2 通过定距等分绘制点对象

"定距等分"命令用于将一个对象以指定的间距放置点或块,使用的对象可以是直线、圆、圆弧、多线和样条曲线等。下面介绍定距等分点对象的操作方法。

步骤 01 单击快速访问工具栏中的"打开"按钮,打开一幅素材图形,如图 2-178 所示。

步骤 02 在"默认"选项卡的"绘图"面板中,单击中间的下拉按钮,在展开的面板中单击"定距等分"按钮,如图 2-179 所示。

75

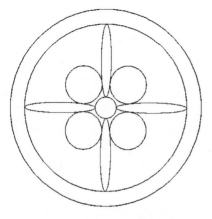

图 2-178　打开一幅素材图形

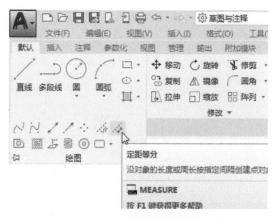

图 2-179　单击"定距等分"按钮

▶ 专家指点

　　定距等分是先指定所要创建的点与点之间的距离，再根据该间距分割所选的对象。等分后子线段的数量等于原线段长度除以等分距离，如果等分后有多余的线段则为剩余线段。

　　步骤 03　在命令行提示下，选择最外侧的圆对象，输入线段长度为 223，如图 2-180 所示。

　　步骤 04　按【Enter】键确认，即可绘制定距等分点，效果如图 2-181 所示。

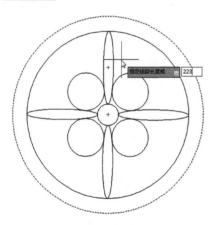

图 2-180　输入线段长度为 223

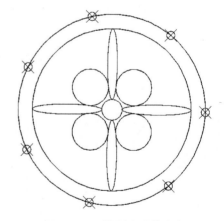

图 2-181　绘制定距等分点

2.10.3　通过定数等分绘制点对象

　　"定数等分"命令就是在指定的图形对象上绘制指定数目的点，其使用的对象同样可以是直线、圆、圆弧、多段线和样条曲线等。下面介绍定数等分绘制点对象的操作方法。

　　步骤 01　单击快速访问工具栏中的"打开"按钮，打开一幅素材图形，如图 2-182 所示。

　　步骤 02　在"默认"选项卡的"绘图"面板中单击中间的下拉按钮，在展开的面板中单击"定数等分"按钮，如图 2-183 所示。

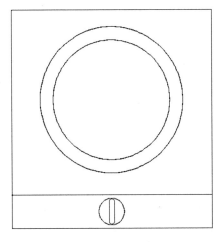

图 2-182　打开一幅素材图形

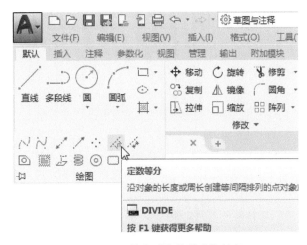

图 2-183　单击"定数等分"按钮

▶ 专家指点

除了运用上述方法可以调用"定数等分"命令外，还有以下两种方法。

- 命令 1：输入 DIVIDE 命令。
- 命令 2：选择菜单栏中的"绘图"|"点"|"定数等分"命令。

步骤 03　根据命令行提示进行操作，在绘图区中选择最大的圆对象，输入线段数目为 3，如图 2-184 所示。

步骤 04　按【Enter】键确认，即可绘制定数等分点，效果如图 2-185 所示。

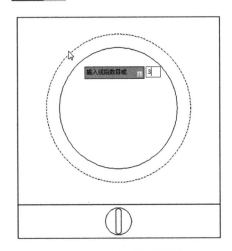

图 2-184　输入线段数目为 3

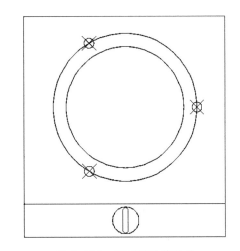

图 2-185　绘制定数等分点

2.11　工具 11：文字工具详解

在 AutoCAD 2020 的"注释"面板中，主要包括文字和标注两大块内容，如图 2-186 所示，所以它的重要性不言而喻。

图 2-186 "注释"面板

2.11.1 了解字体的种类

关于文字工具的学习，笔者首先从文字的种类开始讲起，在 AutoCAD 2020 中提示了两种文字的种类，一种是系统自带的字体，另一种是外来的 CAD 专用字体。那么，系统字体与 CAD 专用字体有什么区别呢?

关于两者的区别，主要体现在图纸交换应用的情况下。假如 A 公司用的是 CAD 专用字体，要给 B 公司看，而 B 公司没有这种 CAD 专用字体，这会导致 B 公司打开文件后看不到字体效果的情况。

所以，一般采用的都是 CAD 系统自带的字体，如常用的宋体、黑体等。因为 CAD 的图纸本身具有一定的规范性与严谨性，所以我们也不会用很多比较花哨的字体。使用这种系统自带的字体就避免了到别的公司打不开或者打开看不见字体的情况。

2.11.2 字体的基本设置技巧

在 AutoCAD 2020 的"格式"菜单下有一个"文字样式"命令，它的快捷键是 ST，执行该命令后，即可弹出"文字样式"对话框，如图 2-187 所示。

图 2-187 "文字样式"对话框

"文字样式"对话框中各选项的含义如下。

· "当前文字样式"显示区：列出当前文字样式。

· "样式"列表框：列出所有已设定的文字样式名或对已有样式名进行相关操作。

· "样式列表过滤器"下拉列表框：用于指定将"所有样式"还是"正在使用的样式"显示在样式列表中。

· "预览"显示区：显示随着字体的更改和效果的修改而动态更改的样例文字。

· "字体名"下拉列表框：列出 Fonts 文件夹中的各种字体文件。包括文件夹中所有注册的 TrueType 字体和所有编译的形（SHX）字体的字体族名。

· "字体样式"下拉列表框：用于指定字体格式，如斜体、粗体或者常规字体。

· "使用大字体"复选框：指定亚洲语言的大字体文件，只有 SHX 文件可以创建"大字体"，一般情况下不建议大家选择该复选框。

· "注释性"复选框：选择该复选框，可以指定文字为注释性。

· "使文字方向与布局匹配"复选框：指定图纸空间中的文字方向与布局方向匹配。

· "高度"文本框：设置文字的高度数值。

· "颠倒"复选框：将文本文字倒置。

· "反向"复选框：将文本反向标注。

· "宽度因子"文本框：设置宽度系数，确定文本字符的宽高比。

· "倾斜角度"文本框：确定文字倾斜角度。

· "置为当前"按钮：单击该按钮可以将在"样式"列表框中选定的样式设定为当前。

· "新建"按钮：单击该按钮，可以显示"新建文字样式"对话框并自动为当前设置提供名称"样式 n"。

· "删除"按钮：单击该按钮，可以删除未使用的文字样式。

· "应用"按钮：单击该按钮，可以将对话框中所做的样式更改应用到当前样式和图形中具有当前样式的文字。

在"文字样式"对话框中，都是一些文字的样式，参数设置并不多，在够用的情况下，参数设置得越少越好。在"文字样式"对话框中单击"新建"按钮，弹出"新建文字样式"对话框，如图 2-188 所示，在其中设置好样式名，单击"确定"按钮，即可新建文字样式。

图 2-188　弹出"新建文字样式"对话框

2.11.3 通过文字工具创建厨房文字

在 AutoCAD 2020 中，系统配置了多种字体，大家可以根据需要在图形中创建合适的文字字体对象，具体步骤如下。

步骤 01 单击快速访问工具栏中的"打开"按钮，打开一幅素材图形，如图 2-189 所示。

步骤 02 输入 T（多行文字）命令，并按【空格】键确认，在绘图区中单击并拖曳，绘制一个文本框，如图 2-190 所示。

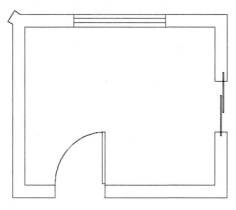

图 2-189　打开一幅素材图形　　　图 2-190　绘制一个文本框

▶ 专家指点

在"默认"选项卡的"注释"面板中单击"文字"下方的下拉按钮，在弹出的列表框中单击"多行文字"按钮 A，可以创建多行文字内容；单击"单行文字"按钮 A，可以创建单行文字内容。

步骤 03 在文本框中输入文字"厨房"，并确认，如图 2-191 所示。

步骤 04 从当前来看，输入的文字字体太小，此时可以调整文字的大小和字体样式，在已经输入的文字字体上双击，进入文字编辑区域，拖曳选择需要设置的文字内容，如图 2-192 所示。

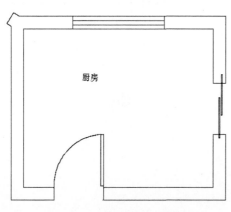
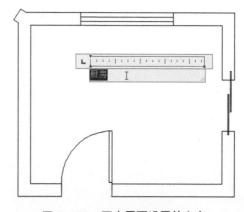

图 2-191　输入相应文字内容　　　图 2-192　双击需要设置的文字

步骤 05 在"文字编辑器"面板中设置"文字高度"为 300、"字体"为"黑体"，如图 2-193 所示，更改字体的大小和样式。

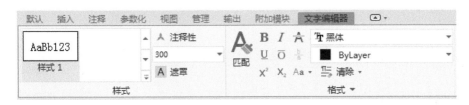

图 2-193　**更改字体的大小和样式**

步骤 06 设置完成后，预览设置后的文字效果，如图 2-194 所示。

步骤 07 在两个文字中间按两次【空格】键，调整文字间距，效果如图 2-195 所示。

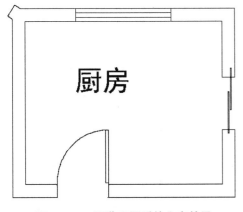

图 2-194　**预览设置后的文字效果**

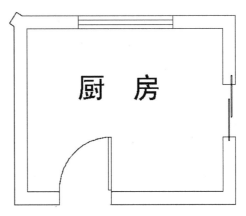

图 2-195　**调整文字间距**

2.12 使用其他实用绘图工具

前面几节讲解了许多常用的绘图工具，还有一些不太常用但也比较重要的工具，如面域、修订云线、区域覆盖及圆环命令等，下面分别向大家进行简单介绍，大家掌握好这些工具的基本使用技巧即可。

2.12.1 掌握面域工具的应用

面域是一个具有边界的平面区域，可以闭合多段线、直线及曲线等，曲线包括圆弧、椭圆弧及圆等。下面介绍将多个单独的线段生成一个面域的操作方法。

步骤 01 单击快速访问工具栏中的"打开"按钮，打开一幅素材图形，如图 2-196 所示。

步骤 02 拖曳选择相应线段，从该素材可以看出，这些线段都是一个一个单独的个体，并不是一个整体，如图 2-197 所示。

步骤 03 在绘图区中输入 REGION（面域）命令，按【空格】键确认，拖曳鼠标框选所有图形，如图 2-198 所示。

步骤 04 按【空格】键确认，即可将图形创建成面域，效果如图 2-199 所示。

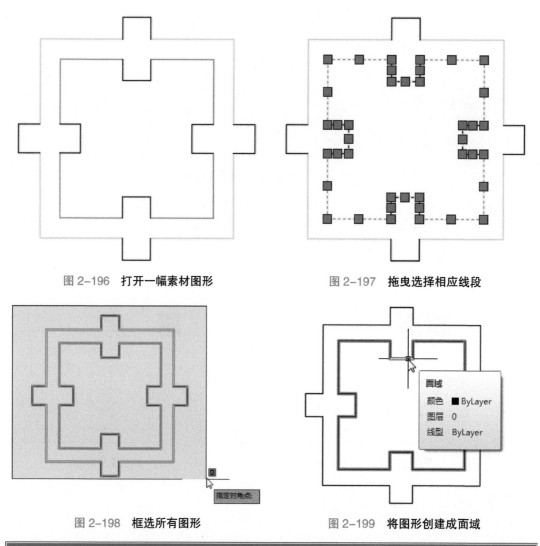

图 2-196　打开一幅素材图形　　　　　图 2-197　拖曳选择相应线段

图 2-198　框选所有图形　　　　　图 2-199　将图形创建成面域

▶ 专家指点

　　在"默认"选项卡中单击"绘图"面板中的"面域"按钮◙；或者选择"绘图"|"面域"命令，也可以快速执行"面域"命令。

2.12.2　掌握修订云线工具的应用

　　修订云线，顾名思义是指修订图纸的时候会用到，即审图、看图时，可以把有问题的地方用这种线圈起来，便于识别。修订云线在图形上是一种附属效果，下面介绍修订云线的基本应用技巧，具体步骤如下。

　　步骤 01　单击快速访问工具栏中的"打开"按钮，打开一幅素材图形，如图 2-200 所示。

　　步骤 02　输入 C（圆）命令，按【空格】键确认，在图形的左上角绘制一个圆对象，如图 2-201 所示。

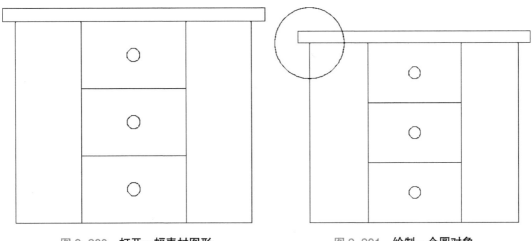

图 2-200　**打开一幅素材图形**　　　　　图 2-201　**绘制一个圆对象**

步骤 03 在"默认"选项卡中单击"绘图"面板中的"矩形修订云线"按钮 ▭，如图 2-202 所示。

步骤 04 根据命令行提示进行操作，输入 O（对象）命令，如图 2-203 所示。

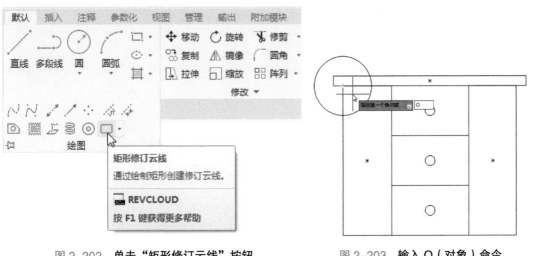

图 2-202　**单击"矩形修订云线"按钮**　　　图 2-203　**输入 O（对象）命令**

▶ 专家指点

在绘图区中输入 REVCLOUD 命令，按【空格】键确认；或者显示菜单栏，选择"绘图"|"修订云线"命令，也可以快速执行"修订云线"命令。

步骤 05 按【空格】键确认，在绘图区中指定左上角的圆对象，弹出列表框，选择"否"选项，如图 2-204 所示。

步骤 06 执行操作后，即可将圆对象转换为修订云线的效果，如图 2-205 所示。

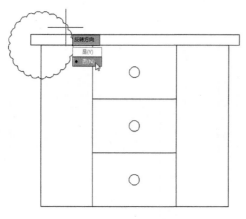

图 2-204　选择"否"选项

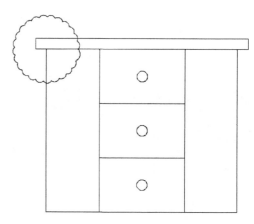

图 2-205　预览修订云线的效果

2.12.3　掌握区域覆盖工具的应用

区域覆盖，顾名思义就是指覆盖原有的图形区域，形成一种屏蔽的效果。

在绘图区中输入 WIPEOUT（区域覆盖）命令，按【空格】键确认，在已有图形上指定多个点，绘制一个封闭区域，如图 2-206 所示；绘制完成后，按【空格】键确认，绘制的封闭区域即可覆盖在原有的图形对象上，形成一种遮罩的效果，如图 2-207 所示。

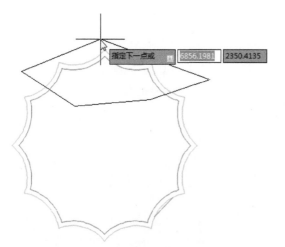

图 2-206　绘制一个封闭区域

图 2-207　形成一种遮罩的效果

▶ 专家指点

在"默认"选项卡中单击"绘图"面板中的"区域覆盖"按钮▨，或者选择菜单栏中的"绘图"|"区域覆盖"命令，也可以快速执行"区域覆盖"操作。

2.12.4　掌握圆环工具的应用

"圆环"工具可以绘制圆环图形、圆图形或者实心圆图形，圆环的绘制涉及两个参数，一个是内径，另一个是外径，下面介绍具体的绘制方法。

步骤 01 在 "默认" 选项卡中单击 "绘图" 面板中的 "圆环" 按钮⊙，如图 2-208 所示。

步骤 02 根据命令行提示进行操作，指定圆环的内径，这里输入 10，如图 2-209 所示。

步骤 03 按【空格】键确认，根据命令行提示进行操作，指定圆环的外径，这里输入 60，如图 2-210 所示。

步骤 04 按【空格】键确认，在绘图区中指定圆环的中心点，即可绘制圆环，效果如图 2-211 所示。

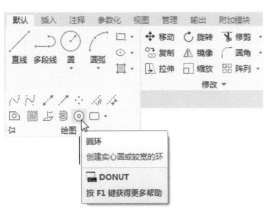

图 2-208 单击 "圆环" 按钮

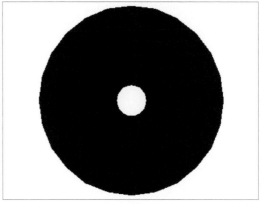

图 2-209 指定圆环的内径

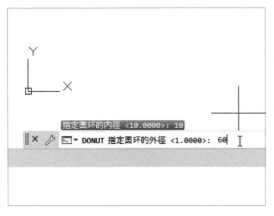

图 2-210 指定圆环的外径

图 2-211 指定圆环的中心点

85

第 **3** 章
编辑与修改室内图形样式

为了绘制所需要的图形，经常需要借助一些编辑和修改命令对图形进行相应编辑。在 AutoCAD 2020 中，提供了多种实用而有效的编辑命令，包括移动图形、旋转图形、修剪图形、删除图形、镜像图形及缩放图形等相应命令，利用这些命令可以对所绘制的图形进行相应的修改，以得到最终效果。本章主要介绍编辑与修改室内图形样式的方法。

- 移动和删除图形
- 旋转和修剪图形
- 复制和镜像图形
- 圆角和分解图形

- 合并和拉伸图形
- 缩放和阵列图形
- 偏移和打断图形
- 使用其他实用工作

扫描二维码观看本章教学视频

3.1　移动图形

"移动"命令的快捷键是 M，在绘制图形时，若绘制的图形位置错误，可以对图形进行移动操作，移动图形仅仅是位置上的平移，图形的方向和大小并不会改变。

移动图形包括两种操作方式，一种是根据指定位置进行移动；另一种是根据指定距离进行移动，下面对这两种移动方式分别进行相关介绍。

3.1.1　通过两点移动图形对象

下面以将麻将移到麻将桌上为例，介绍制作棋牌桌的效果，具体步骤如下。

步骤 01　单击快速访问工具栏中的"打开"按钮 ，打开一幅素材图形，如图 3-1 所示。

步骤 02　在绘图区中输入 M（移动）命令，如图 3-2 所示。

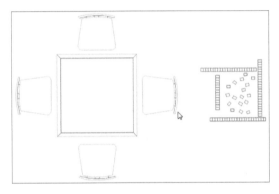

图 3-1　打开一幅素材图形

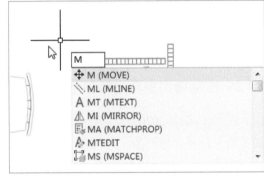

图 3-2　输入 M（移动）命令

步骤 03　按【空格】键确认，根据命令行提示进行操作，在绘图区中框选麻将为移动对象，如图 3-3 所示。

步骤 04　按【空格】键确认，在麻将图形位置单击，确认基点，如图 3-4 所示。

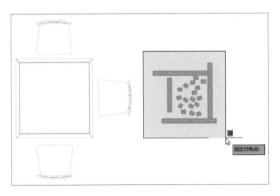
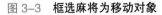

图 3-3　框选麻将为移动对象

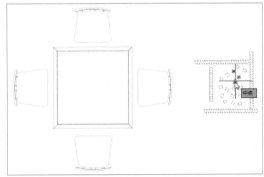

图 3-4　指定图形移动的基点

步骤 05　向左移动鼠标，将麻将移动到麻将桌上的合适位置，如图 3-5 所示。

步骤 06　单击，即可确认麻将图形的移动操作，效果如图 3-6 所示。

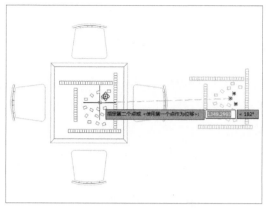

图 3-5　将图形移至合适位置

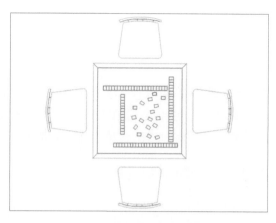

图 3-6　确认麻将图形的移动

　　选择"功能区"选项板中的"默认"选项卡，在"修改"面板上单击"移动"按钮 ；或者在菜单栏中选择"修改"|"移动"命令，也可以快速移动图形对象。

3.1.2　根据指定距离进行位移操作

　　在 AutoCAD 2020 中，不仅可以通过两点来移动图形对象，还可以通过指定移动的距离参数来位移图形对象，具体步骤如下。

步骤 01　单击快速访问工具栏中的"打开"按钮 ，打开一幅素材图形，如图 3-7 所示。

步骤 02　在命令行中输入 M（移动）命令，并按【空格】键确认，在绘图区中选择上方的衣架为移动对象，如图 3-8 所示。

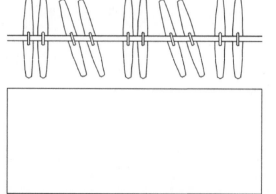

图 3-7　打开一幅素材图形

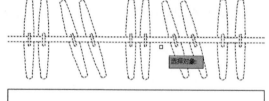

图 3-8　选择衣架为移动对象

步骤 03　按【空格】键确认，在上方直线右端点上单击，如图 3-9 所示，确定移动的基点位置。

步骤 04　根据命令行提示进行操作，向下引导光标，输入 600，如图 3-10 所示。

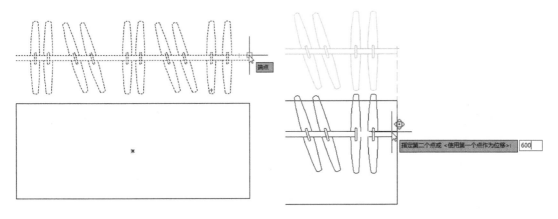

图 3-9　确定移动的基点位置　　　　图 3-10　向下引导光标，输入 600

步骤 05 按【空格】键确认，即可通过指定距离移动图形对象，效果如图 3-11 所示。

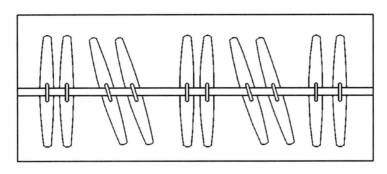

图 3-11　通过指定距离移动图形对象

3.2　删除图形

在 AutoCAD 2020 中，删除图形是一个常用的操作，当不需要使用某个图形时，可以将其删除。

平常用得比较多的删除图形的方法是按键盘上的【Delete】键，直接删除图形。下面介绍一种删除图形的命令，按键盘上的【E】键，具体步骤如下。

步骤 01 单击快速访问工具栏中的"打开"按钮，打开一幅素材图形，如图 3-12 所示。

步骤 02 在绘图区中输入 E（删除）命令，如图 3-13 所示。

步骤 03 按【空格】键确认，在绘图区中框选需要删除的图形对象，如图 3-14 所示。

步骤 04 按【空格】键确认，即可删除不需要的图形，效果如图 3-15 所示。

▶ 专家指点

　　选择"功能区"选项板中的"默认"选项卡，在"修改"面板上单击"删除"按钮　；或者在菜单栏中选择"修改"|"删除"命令，也可以快速删除图形对象。

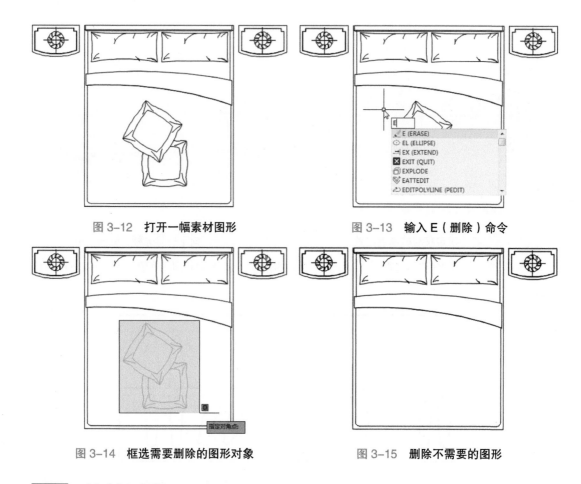

图 3-12　打开一幅素材图形　　　　　　　　　图 3-13　输入 E（删除）命令

图 3-14　框选需要删除的图形对象　　　　　　图 3-15　删除不需要的图形

3.3　旋转图形

使用"旋转"命令可以将选中的对象围绕指定的基点进行旋转，以改变图形方向。下面来看一个房间门位置的平面图，下方是一个门，如图 3-16 所示，需要将这个门插入到上面的门位置，当前这个门的方向是不对的，在这个过程中必然会使用到旋转工具对门进行旋转操作，调整它的方向。

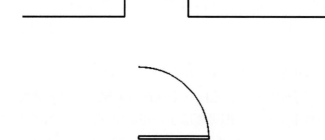

图 3-16　房间的平面图

一般情况下，旋转工具是结合正交模式来使用的，因为 CAD 当中很少有一些不规则的旋转，所以，建议大家在旋转图形之前按【F8】键开启正交模式。

下面介绍旋转这个门的方向，调整门位置的具体操作方法。

步骤 01　按【F8】键开启正交模式，在绘图区中输入 RO（旋转）命令，如图 3-17 所示。

步骤 02　按【空格】键确认，选择需要旋转的图形对象，这里框选门，如图 3-18 所示。

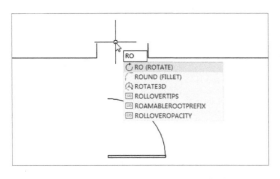

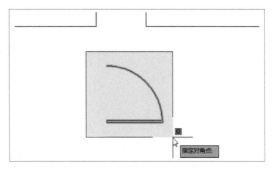

图 3-17　输入 RO（旋转）命令　　　　　图 3-18　选择需要旋转的图形

步骤 03　按【空格】键确认，指定图形旋转的基点，如图 3-19 所示。

步骤 04　向下引导光标，指定图形的旋转方向，如图 3-20 所示。

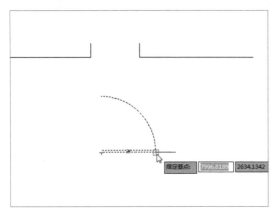

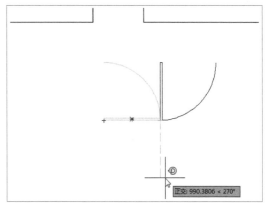

图 3-19　指定图形旋转的基点　　　　　图 3-20　指定图形的旋转方向

步骤 05　单击，即可确定图形的旋转，效果如图 3-21 所示。

步骤 06　接下来使用前面学过的"移动"命令，将门移至合适的位置。这里输入 M（移动）命令，按【空格】键确认，选择门为移动对象，按【空格】键确认，选择移动的基点，如图 3-22 所示。

▶ 专家指点

　　选择"功能区"选项板中的"默认"选项卡，在"修改"面板上单击"旋转"按钮 ↻；或者在菜单栏中选择"修改"|"旋转"命令，也可以快速旋转图形对象。

步骤 07　按【F8】键关闭正交模式，将门移动到指定的位置，如图 3-23 所示。

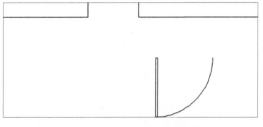

图 3-21　确定图形的旋转

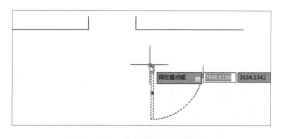

图 3-22　选择移动的基点

步骤 08　单击，即可确定图形的移动操作，然后调整门的大小，旋转并移动图形后的效果如图 3-24 所示。

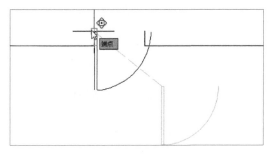

图 3-23　将门移动到指定的位置

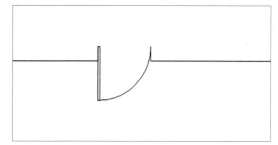

图 3-24　旋转并移动图形后的效果

3.4　修剪图形

"修剪"命令在绘图时是使用非常频繁的。"修剪"命令是指修剪对象的边以匹配合适其他的边，这个边就是指的线条，按住【Shift】键可以实现延伸的切换。下面通过相应实例讲解修剪图形的操作方法。

3.4.1　按两次【空格】键：快速修剪图形

"修剪"命令可以修剪的对象包括直线、圆弧、圆、椭圆、椭圆弧、构造线、多段线和块等图形对象。下面来看一个简单的修剪实例，如图 3-25 所示，如何将左图修剪成右图的效果呢？其实方法很简单，具体步骤如下。

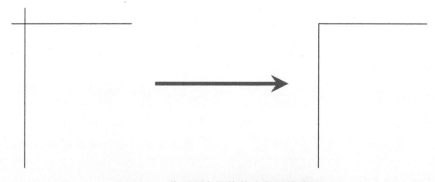

图 3-25　将下面左图修剪成右图的效果

步骤 01 在绘图区中输入 TR（修剪）命令，按两次【空格】键，如图 3-26 所示。

步骤 02 进入修剪状态后，直接修剪上方和左侧多余的直线，能修剪的直线显示成虚线状，如图 3-27 所示，即可完成图形的快速修剪。只要是交叉的边，都可以使用这种方法进行快速修剪操作。

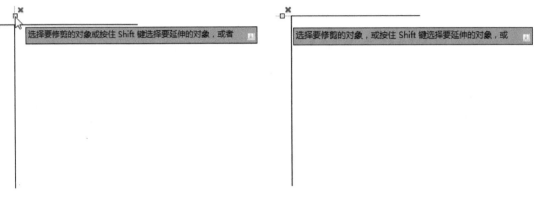

图 3-26　执行 TR（修剪）命令　　　　　　　图 3-27　修剪多余的线段

3.4.2　按一次【空格】键：特殊的修剪法

下面再来看一个修剪的实例，如图 3-28 所示，如何将左图快速修剪成右图所示的效果？

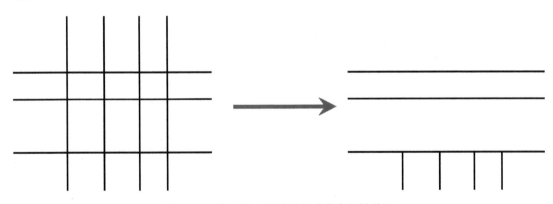

图 3-28　如何将左图快速修剪成右图的效果

如果使用上一节中的修剪方法来修剪本节的案例，操作如下：在绘图区中输入 TR（修剪）命令，按两次【空格】键，然后修剪中间的线段，需拖曳两次，才能修剪两行，修剪到最上方直线的时候，最上方的 4 条直线没有办法执行修剪命令，如图 3-29 所示。因为这些直线没有交叉点，所以，无法执行修剪操作，这时需通过【Delete】键才能进行删除操作，之后才能达到图 3-28 右图所示的效果。

通过上述这种方法进行修剪操作，在操作效率上是大打折扣的，既麻烦又复杂，下面笔者以同一个案例进行讲解，介绍一种比较特殊、快捷的修剪方法，具体步骤如下。

步骤 01 输入 TR（修剪）命令，按一次【空格】键，然后选择最下方相交的物体，这里选择的是最下方的直线段，如图 3-30 所示。

步骤 02 再次按【空格】键确认，接下来再进行修剪，如图 3-31 所示。可以看到上方的垂直直线全部可以被修剪掉，一次到位，这样操作效率大大提高了。

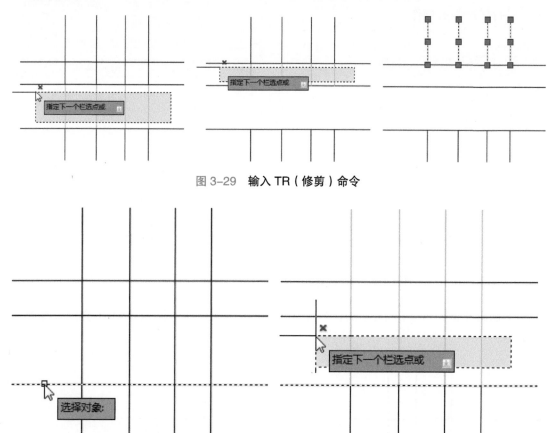

图 3-29　输入 TR（修剪）命令

图 3-30　选择最下方的直线段　　　　图 3-31　上方直线将全部被修剪

▶ 专家指点

　　选择"功能区"选项板中的"默认"选项卡，在"修改"面板上单击"修剪"按钮 ；或者在菜单栏中选择"修改"|"修剪"命令，也可以快速修剪图形对象。

3.4.3　按住【Shift】键：实现图形延伸

在 AutoCAD 2020 中，可以延伸的对象包括圆弧、椭圆弧、直线、射线、开放的二维多段线及三维多段线等。当执行"修剪"命令时，按住【Shift】键的同时即可实现延伸操作。下面以上一例的效果进行讲解，输入 TR（修剪）命令，按两次【空格】键确认，然后按【Shift】键的同时单击相应垂直线段，即可显示一条虚线，表示延伸线，单击，即可延伸线条，如图 3-32 所示。

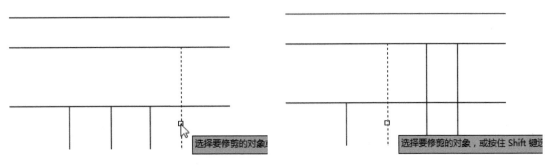

图 3-32　按【Shift】键延伸线条

▶ 专家指点

　　在命令行中输入 EX（延伸）命令，按【Enter】键确认，根据命令行提示进行操作，也可以对相应的图形进行延伸操作。

3.4.4　通过"修剪"命令修剪餐桌图形

　　下面以修剪餐桌图形为例，介绍"修剪"命令在实例中的具体应用技巧，理论与案例相结合，大家才能学得更好，具体步骤如下。

　　步骤 01 　单击快速访问工具栏中的"打开"按钮，打开一幅素材图形，如图 3-33 所示。

　　步骤 02 　输入 TR（修剪）命令，按【空格】键确认，根据命令行提示进行操作，选择相应矩形为剪切边，如图 3-34 所示。

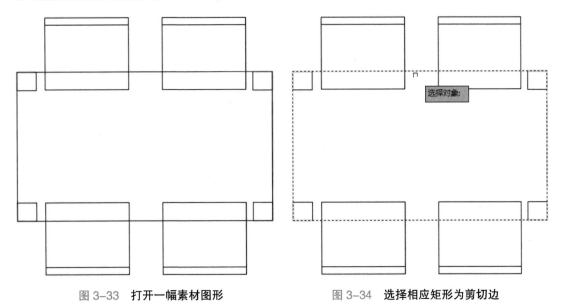

图 3-33　打开一幅素材图形　　　　　图 3-34　选择相应矩形为剪切边

　　步骤 03 　按【空格】键确认，在与矩形相交且在矩形内侧的矩形对象上依次单击并确认，即可完成修剪图形的操作，效果如图 3-35 所示。

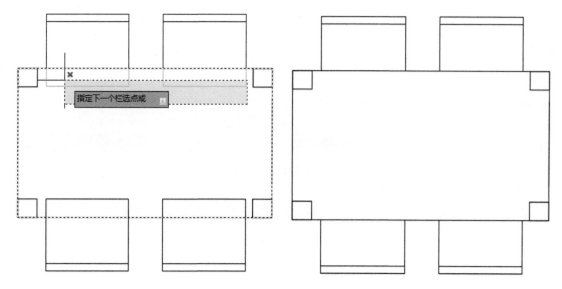

图 3-35　完成修剪图形的操作

3.5　复制图形

在 AutoCAD 2020 中，复制图形是指将对象复制到指定方向的指定距离处，使用"复制"命令可以一次复制出一个或多个相同的对象，使复制更加方便、快捷。在学习复制图形操作时，要掌握复制图形的快捷键 CO，并掌握阵列复制的操作方法。

3.5.1　通过快捷键快速复制煤气灶图形

下面以复制煤气灶图形为例，介绍复制图形的操作方法，具体步骤如下。

步骤 01　单击快速访问工具栏中的"打开"按钮，打开一幅素材图形，如图 3-36 所示。

步骤 02　输入 CO（复制）命令，按【空格】键确认，在命令行提示下选择绘图区中左侧的灶图形为复制对象，如图 3-37 所示。

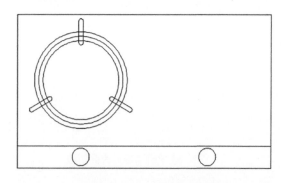

图 3-36　打开一幅素材图形

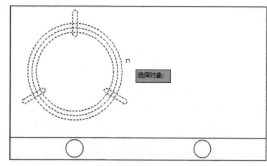

图 3-37　选择灶图形为复制对象

▶ 专家指点

　　在复制图形的过程中，当我们捕捉好复制的基点后，向右引导光标时，输入相应的位移距离参数，也可以通过参数来复制图形对象。

　　步骤 03　按【空格】键确认，捕捉圆心点为复制的基点，向右引导光标，如图 3-38所示。

　　步骤 04　至合适位置后，单击，即可复制图形对象，按【空格】键确认操作，效果如图 3-39 所示。

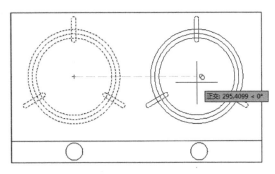

图 3-38　确定基点向右引导光标　　　　　　图 3-39　复制图形对象的操作

▶ 专家指点

　　选择"功能区"选项板中的"默认"选项卡，在"修改"面板上单击"复制"按钮；或者在菜单栏中选择"修改"|"复制"命令，也可以快速复制图形对象。

3.5.2　通过阵列复制命令制作会议桌图形

　　如果需要复制的图形比较多，可以通过阵列复制的方式，通过输入具体参数来等比例复制多个图形对象，这样复制出来的图形更加精确，具体步骤如下。

　　步骤 01　单击快速访问工具栏中的"打开"按钮，打开一幅素材图形，如图 3-40所示。

　　步骤 02　输入 CO（复制）命令，按【空格】键确认，选择左上方的凳子为需要复制的对象，如图 3-41 所示。

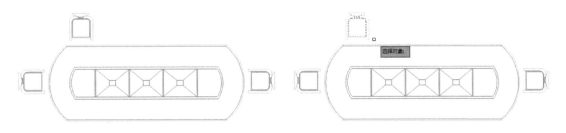

图 3-40　打开一幅素材图形　　　　　　　图 3-41　选择左上方的凳子为需要复制的对象

步骤 03 按【空格】键确认，拾取凳子的右下角端点为复制的基点，如图 3-42 所示。

步骤 04 根据命令行提示进行操作，输入 A（阵列）命令，如图 3-43 所示。

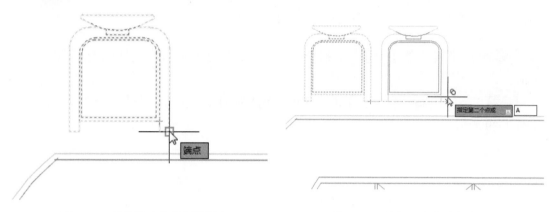

图 3-42　拾取端点为复制的基点　　　　　图 3-43　输入 A（阵列）命令

步骤 05 按【空格】键确认，输入需要阵列的数量，我们输入 6，按【空格】键确认，向右引导光标，如图 3-44 所示。

步骤 06 至合适位置后，单击，再按【空格】键确认，即可阵列复制图形对象，效果如图 3-45 所示。

图 3-44　输入阵列数量向右引导光标　　　　图 3-45　预览阵列复制后的图形效果

▶ 专家指点

　　通过阵列复制图形的方法，既高效又快速，而且每个凳子中间的间距是相等的，不像上一例中介绍的手动复制的方法，手动复制就会出现宽窄不一的情况。因此，当需要复制多个规则排列的图形对象时，可以采用阵列复制的方法进行操作。

3.6　镜像图形

　　在 AutoCAD 2020 中，使用"镜像"命令可以将图形对象按指定的轴线进行对称变换，绘制出呈对称显示的图形对象。在绘制对称图形对象时，可以快速绘制半个图形对象，然后将其镜像，创建一个完整的对象。如上一例中讲解的会议桌，就可以通过"镜像"命令将另外一边的凳子快速绘制出来，具体步骤如下。

步骤 01 在上一例效果文件的基础上输入 MI（镜像）命令，按【空格】键确认，选择需要镜像的一排凳子，如图 3-46 所示。

步骤 02　按【空格】键确认，接下来选择镜像线的第一点，它是以一个轴来进行镜像的，拾取第一点，一定要是图形的中点，如图 3-47 所示。

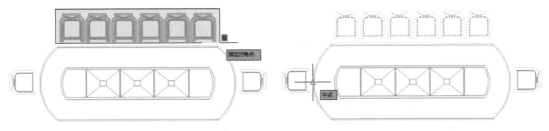

图 3-46　选择需要镜像的一排凳子　　　图 3-47　选择镜像线的第一点

▶ 专家指点

　　在"修改"面板上单击"镜像"按钮 ⚠，也可以快速镜像图形对象。

步骤 03　接下来拾取镜像线的第二点，依然是图形的中点，如图 3-48 所示。

步骤 04　弹出提示信息框，提示是否删除源对象，选择"否"选项，即可镜像图形对象，效果如图 3-49 所示。

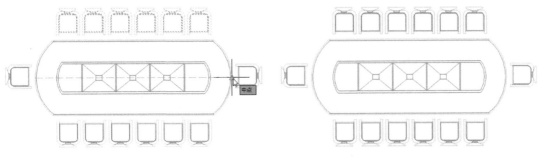

图 3-48　拾取镜像线的第二点　　　图 3-49　镜像图形对象的效果

▶ 专家指点

　　执行"镜像"命令后，命令行中的提示信息如下。

• 选择对象：（选择需要镜像的图像对象）。

• 指定镜像线第一点：（指定镜像线上的第一点）。

• 指定镜像线第二点：（指定镜像线上的第二点）。

• 是否删除源对象？ [是（Y）/ 否（N）] <N>：（确定是否删除源对象，输入 Y 选项删除源对象，输入 N 选项保留源对象）。

3.7　圆角图形

　　在 AutoCAD 2020 中，"圆角"命令可以在两个对象或多段线之间形成光滑的弧线，以消除尖锐的角，还能对多段线的多个端点进行圆角操作。在上一章学习矩形绘制时，介绍了圆角矩形与倒角矩形的绘制方法，本节中主要介绍对图形进行圆角与倒角处理的方法，希望大家熟练掌握本节内容。

3.7.1 对图形进行圆角处理

首先需要掌握圆角的快捷键 F，下面介绍对图形进行圆角处理的方法，步骤如下。

步骤 01 输入 REC（矩形）命令，按【空格】键确认，绘制一个长度为 150、宽度为 120 的矩形图形，如图 3-50 所示。

步骤 02 输入 F（圆角）命令，按【空格】键确认，根据命令行提示进行操作，先指定圆角的半径参数，输入 R（半径）命令，如图 3-51 所示。

图 3-50 绘制一个矩形图形　　　　　图 3-51 输入 R（半径）命令

步骤 03 按【空格】键确认，输入 30 并确认，选择上方与左侧的直线，如图 3-52 所示。

步骤 04 执行操作后，即可对图形进行圆角处理，效果如图 3-53 所示。

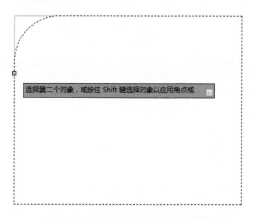
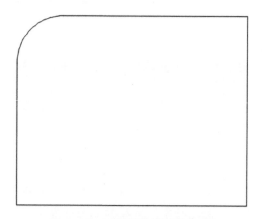

图 3-52 选择上方与左侧的直线　　　　图 3-53 对图形进行圆角处理

3.7.2 快速实现两边的直角并连接

上一节讲解的是如何对直角的图形进行圆角处理，下面介绍如何快速实现两边的直角并连接，如图 3-54 所示。

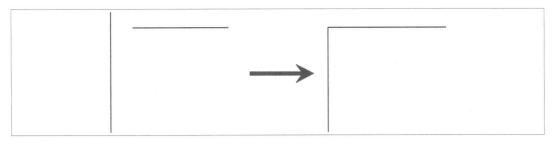

图 3-54　**快速实现两边的直角并连接**

具体操作步骤如下：

步骤 **01**　输入 F（圆角）命令，按【空格】键确认，输入 R（半径）命令并确认，输入 0 并确认，如图 3-55 所示，将半径设置为 0 之后，表示处理出来的是直角对象。

图 3-55　**半径设置为 0**

步骤 **02**　先选择上方的水平直线，再选择左侧的垂直直线，即可对两条直线进行直角处理，效果如图 3-56 所示。

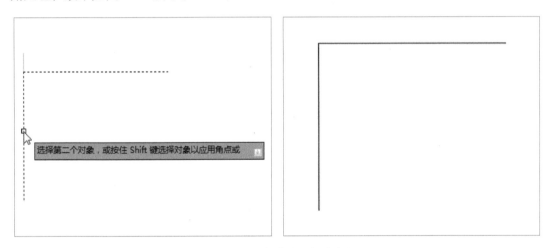

图 3-56　**对两条直线进行直角处理**

3.7.3　对图形进行倒角处理

在建筑装潢制图中，使用"倒角"命令可以对多段线进行倒角，一次性对多段线的所有折角进行倒角。倒角与圆角的区别在于，圆角是一种圆弧的角，而倒角类似于一种切角的效果。下面介绍对图形进行倒角处理的操作方法。

步骤 **01**　单击快速访问工具栏中的"打开"按钮，打开一幅素材图形，如图 3-57 所示。

步骤 02 输入 CHA（倒角）命令，按【空格】键确认，根据命令行提示进行操作，输入 D（距离）命令并确认，输入距离值为 30，如图 3-58 所示。

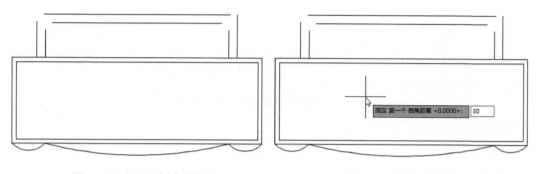

图 3-57　打开一幅素材图形　　　　　　图 3-58　输入距离值为 30

步骤 03 连续按两次【空格】键确认，在绘图区中依次选择上方左侧竖直直线和上方水平直线，进行倒角处理，效果如图 3-59 所示。

步骤 04 用与上述同样的方法，按【空格】键，重复对其他的图形进行倒角处理，即可完成图形倒角操作，效果如图 3-60 所示。

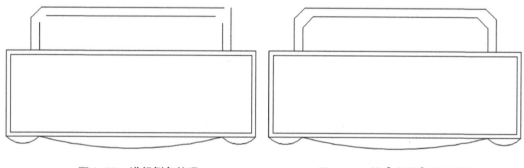

图 3-59　进行倒角处理　　　　　　　　图 3-60　按【空格】键重复操作

3.8　分解图形

在 AutoCAD 2020 中，"分解"命令的快捷键是 X。使用"分解"命令可以将一个整体图形，如图块、多段线、矩形等分解为多个独立的图形对象。前面讲解过直线与多段线的区别，直线是单独的一条一条的线段，而多段线是一个整体。那么，从多段线变成直线的这个过程，就是一个分解的过程。下面介绍分解图形的操作方法。

步骤 01 单击快速访问工具栏中的"打开"按钮🗁，打开一幅素材图形，可以看到图形中是多段线对象，如图 3-61 所示。

步骤 02 输入 X（分解）命令，按【空格】键确认，根据命令行提示进行操作，选择需要分解的多段线对象，如图 3-62 所示。

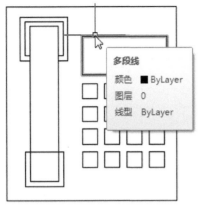
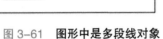
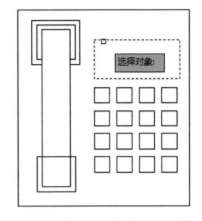

图 3-61　图形中是多段线对象　　　　　　图 3-62　选择需要分解的多段线对象

步骤 03 按【空格】键确认，即可分解图形对象，被分解后的多段线显示为直线对象，如图 3-63 所示。

步骤 04 在直线上单击，可以单独被选择，如图 3-64 所示。

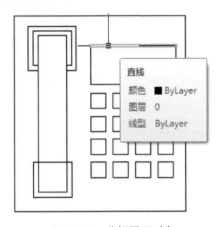
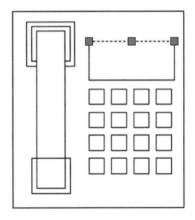

图 3-63　分解图形对象　　　　　　　　图 3-64　单独选择直线

▶ 专家指点

选择"功能区"选项板中的"默认"选项卡，在"修改"面板上单击"分解"按钮 ⬚ ；或者在菜单栏中选择"修改"|"分解"命令，也可以快速分解图形对象。

3.9　合并图形

上一例讲解的是分解图形对象，与该操作相反的就是合并图形对象。合并图形对象有多种方法，下面一一来进行讲解和学习。

3.9.1　通过 PE 命令合并多段线

在 AutoCAD 2020 中，PE 是"编辑多段线"的命令，下面来看一个实例演练。

步骤 01 下面这幅素材是已经被分解的多段线，呈直线显示，如图 3-65 所示。

步骤 02 输入 PE（编辑多段线）命令，按【空格】键确认，根据命令行提示进行操作，输入 M（多条）并确认，根据提示进行操作，选择需要合并的 4 条直线，如图 3-66 所示。

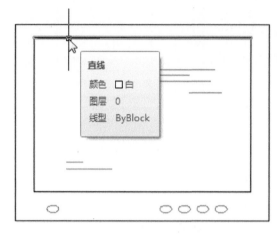

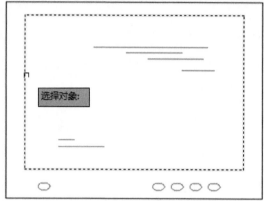

图 3-65　已经被分解的多段线　　　　图 3-66　选择要合并的 4 条直线

步骤 03 按【空格】键确认，命令行提示是否将直线转换为多段线，这里输入 Y（是），如图 3-67 所示。

步骤 04 按【空格】键确认，弹出列表框，选择"合并"选项，如图 3-68 所示。

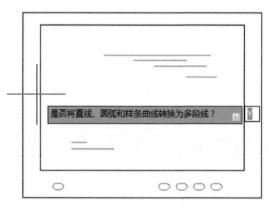

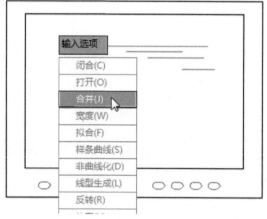

图 3-67　输入 Y（是）　　　　　图 3-68　选择"合并"选项

▶ 专家指点

　　选择"功能区"选项板中的"默认"选项卡，单击"修改"面板中间的下三角按钮，展开"修改"面板，单击"编辑多段线"按钮，也可以快速执行 PE 命令。

步骤 05 提示用户输入模糊距离，这里输入 5，如图 3-69 所示。

步骤 06 按两次【空格】键确认，即可将直线合并为多段线，效果如图 3-70 所示。

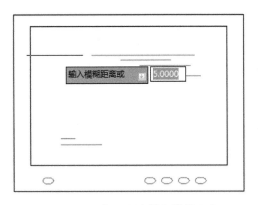

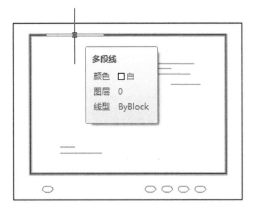

图 3-69　**提示用户输入模糊距离**　　　　图 3-70　**将直线合并为多段线**

3.9.2　通过 BO 命令合并多段线

在 AutoCAD 2020 中，BO 是"边界"的命令。"边界"命令将分析由对象组成的"边界集"，可以选择用于定义面域的一个或多个闭合区域创建面域。下面介绍通过"边界"命令合并多段线的方法，具体步骤如下。

步骤 01　单击快速访问工具栏中的"打开"按钮 ，打开一幅素材图形，图形中都是一条一条单独的直线段，如图 3-71 所示。

步骤 02　输入 BO（边界）命令，按【空格】键确认，弹出"边界创建"对话框，单击"拾取点"按钮，如图 3-72 所示。

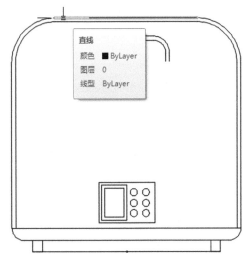

图 3-71　**打开一幅素材图形**　　　　图 3-72　**单击"拾取点"按钮**

步骤 03　将鼠标移至图形内部，单击，即可拾取多段线、圆弧、直线等对象，如图 3-73 所示。

步骤 04　按【空格】键确认，即可通过"边界"命令合并图形对象，如图 3-74 所示，图形上显示为"多段线"，表示图形已合并。

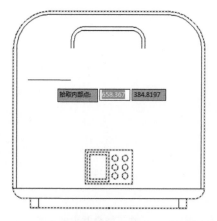

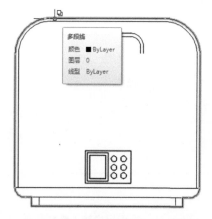

图 3-73 拾取多段线、圆弧、直线等对象　　图 3-74 通过"边界"命令合并图形对象

▶ 专家指点

　　选择"功能区"选项板中的"默认"选项卡，在"绘图"面板中单击"图案填充"右侧的下拉按钮，在弹出的列表框中单击"边界"按钮；或者在菜单栏中选择"绘图"|"边界"命令，也可以执行 BO（边界）命令。

3.9.3　通过 GROUP 命令合并多段线

　　在 AutoCAD 2020 中，GROUP 是"组"的命令，是指将某些对象组成一个群体对象，方便对整个图形进行修改操作。下面介绍通过"组"命令合并图形的方法，步骤如下。

　　步骤 01　单击快速访问工具栏中的"打开"按钮，打开一幅素材图形，图形中都是一个一个单独的对象，可以单独选中的，如图 3-75 所示。

　　步骤 02　输入 G（组）命令，如图 3-76 所示，按【空格】键确认。

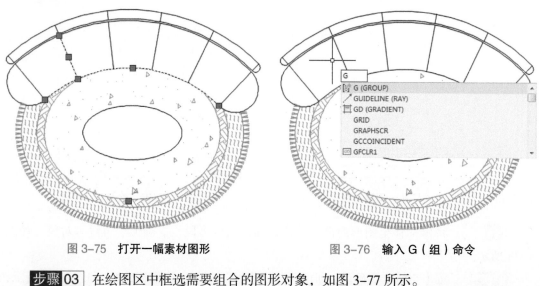

图 3-75　打开一幅素材图形　　　　图 3-76　输入 G（组）命令

　　步骤 03　在绘图区中框选需要组合的图形对象，如图 3-77 所示。

　　步骤 04　按【空格】键确认，即可将多个单独的图形组合成一个整体，当在图形中单击选中某根线条时，此时整个图形都将被选中，如图 3-78 所示。

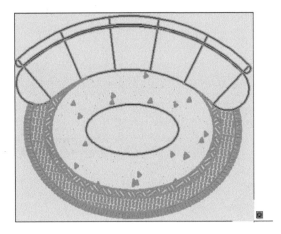

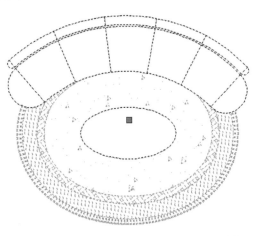

图 3-77　框选需要组合的图形对象　　　　图 3-78　将多个单独的图形组合成一个整体

3.9.4　通过 B 命令合并多段线

在 AutoCAD 2020 中，B 是"创建块"的命令，图块是一个或多个对象组成的对象集合，如果将一组对象组合成图块，可以根据作图需要将这一组对象插入到绘图文件中的指定位置，并可以将块作为单个对象来进行管理。下面介绍通过 B 命令合并图形的方法。

步骤 01　单击快速访问工具栏中的"打开"按钮，打开一幅素材图形，如图 3-79 所示。

步骤 02　按 B（创建块）命令，按【空格】键确认，弹出"定义块"对话框，在其中设置"名称"为"床头灯"，在"对象"选项组中单击"选择对象"按钮，如图 3-80 所示。

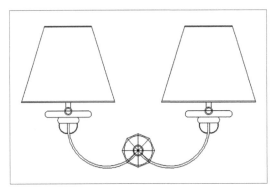

图 3-79　打开一幅素材图形　　　　　　　图 3-80　单击"选择对象"按钮

▶ 专家指点

还可以通过以下两种方法执行"创建块"命令：

● 在"插入"选项卡的"块定义"面板上单击"创建块"按钮。

● 选择菜单栏中的"绘图"｜"块"｜"创建"命令。

步骤 03　在绘图区中框选所有图形，如图 3-81 所示。

步骤 04　按【空格】键确认，再次弹出"块定义"对话框，单击"确定"按钮，如图 3-82 所示。

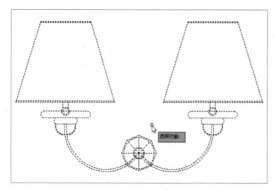

图 3-81　框选所有图形

图 3-82　单击"确定"按钮

步骤 05　执行操作后，即可将床头灯图形对象创建成图块组合，将鼠标移至图形上，会显示"块参照"的相关信息，如图 3-83 所示。

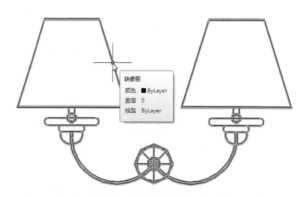

图 3-83　将床头灯图形对象创建成图块组合

3.10　拉伸图形

在 AutoCAD 2020 中，拉伸的快捷键是 S，主要是通过框选实现对象的拉伸。与"拉伸"命令相近的是"拉长"命令，"拉长"命令主要是通过一个准确的数值来实现图形拉长的效果。下面分别对拉伸与拉长图形进行介绍。

3.10.1　将 1.5 米的床拉伸为 2 米的床

在绘制户型图时，有时根据不同房间的大小，需要将床进行调大调小的操作，如将 1.5 米宽的床调整为 2 米宽的床，这时就需要使用到"拉伸"命令。具体操作步骤如下：

步骤 01　单击快速访问工具栏中的"打开"按钮 ▷，打开一幅素材图形，如图 3-84

所示。

步骤 02　输入 S（拉伸）命令，按【空格】键确认，从床的右下角开始框选床右侧的所有物体，如图 3-85 所示。

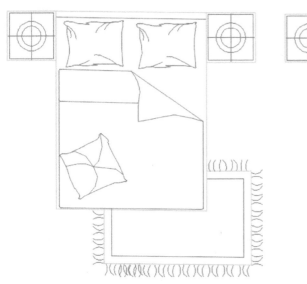

图 3-84　打开一幅素材图形　　　　　图 3-85　框选床右侧所有物体

步骤 03　按【空格】键确认，选择床头柜右下角的端点为拉伸的基点，如图 3-86 所示。

步骤 04　向右引导光标，输入 500，按【空格】键确认，即可将 1.5m 的床拉伸为 2m 宽的床，如图 3-87 所示，下方的地毯有一些错误的情况，可以通过二次修复。

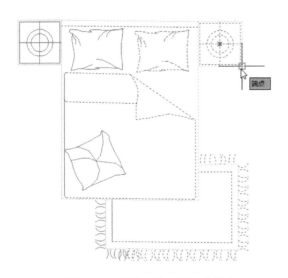
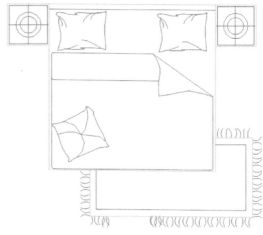

图 3-86　指定端点为拉伸的基点　　　　　图 3-87　将床拉伸为 2m 宽的床

步骤 05　选择地毯周围的线段，输入 CO（复制）命令并确认，指定复制的基点，向左引导光标，在合适的位置单击，即可复制图形，修复地毯，效果如图 3-88 所示。

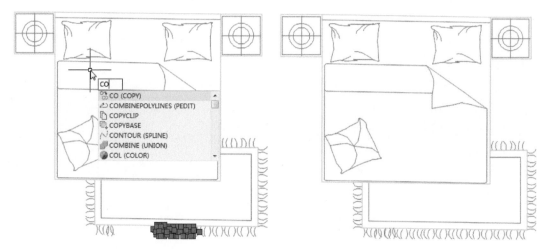

图 3-88　复制图形修复地毯

3.10.2　将双人床的床边进行拉长处理

与"拉伸"命令相近的就是"拉长"命令，先绘制一条长度为1000的直线，如图 3-89 所示，现在笔者希望这条直线有两种变化效果，一种是长度为500的一种递增，另外一种是总计线条的长度为500，刚好"拉长"命令都能实现这两种效果。

图 3-89　绘制一条长度为 1000 的直线

首先，展开"默认"选项卡中的"绘图"面板，单击"拉长"按钮，如图 3-90 所示；选择前面绘制的长度为1000的直线，然后输入 DE（增量）命令并确认，设置增量长度为500并确认，如图 3-91 所示，此时每在直线上单击一次，即可增加500的长度，依次类推。

上面介绍的这种方法是增量的操作，还有一种是总计这根直线一共多长。在"绘图"面板中单击"拉长"按钮后，选择一条长度为2500的直线，输入 T（总计）命令并确认，设置长度为500并确认，如图 3-92 所示，然后在长度为2500的直线上单击，即可减掉2000的长度，只剩下长度为500的一条直线，这就是总计长度。

图 3-90　单击"拉长"按钮

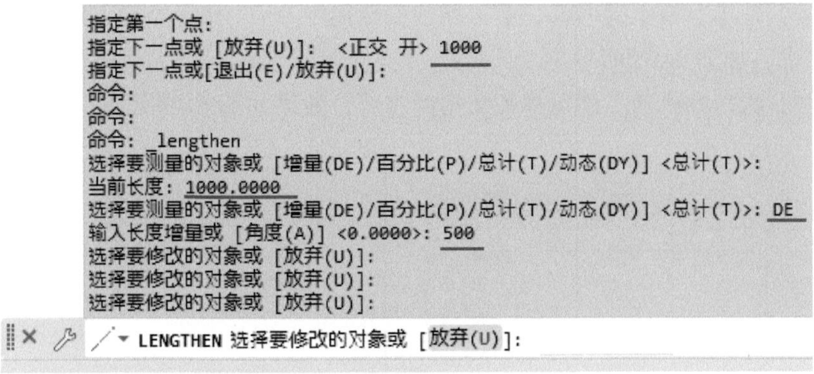

```
指定第一个点:
指定下一点或 [放弃(U)]: <正交 开> 1000
指定下一点或[退出(E)/放弃(U)]:
命令:
命令:
命令: _lengthen
选择要测量的对象或 [增量(DE)/百分比(P)/总计(T)/动态(DY)] <总计(T)>:
当前长度: 1000.0000
选择要测量的对象或 [增量(DE)/百分比(P)/总计(T)/动态(DY)] <总计(T)>: DE
输入长度增量或 [角度(A)]<0.0000>: 500
选择要修改的对象或 [放弃(U)]:
选择要修改的对象或 [放弃(U)]:
选择要修改的对象或 [放弃(U)]:
```

╳ ✕ 🔧 　／▾ LENGTHEN 选择要修改的对象或 [放弃(U)]:

图 3-91　设置增量长度为 500

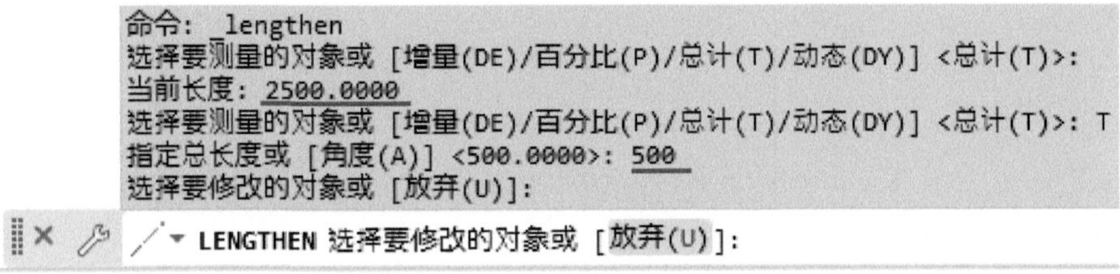

```
命令: _lengthen
选择要测量的对象或 [增量(DE)/百分比(P)/总计(T)/动态(DY)] <总计(T)>:
当前长度: 2500.0000
选择要测量的对象或 [增量(DE)/百分比(P)/总计(T)/动态(DY)] <总计(T)>: T
指定总长度或 [角度(A)] <500.0000>: 500
选择要修改的对象或 [放弃(U)]:
```

╳ ✕ 🔧 　／▾ LENGTHEN 选择要修改的对象或 [放弃(U)]:

图 3-92　设置长度为 500 并确认

下面通过一个实例演练，将双人床的床边进行拉长处理操作，帮助大家更好地掌握"拉长"命令在实际工作中的应用，具体步骤如下：

步骤 01 单击快速访问工具栏中的"打开"按钮🗁，打开一幅素材图形，如图 3-93所示。

步骤 02 在"默认"选项卡中单击"修改"面板中的"拉长"按钮╱，根据命令行提示进行操作，选择最上边需要拉长的直线，输入 DE（增量）命令，如图 3-94 所示。

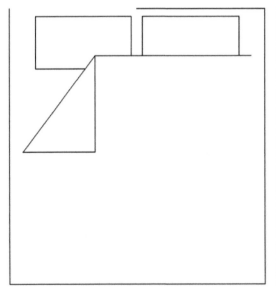

图 3-93　打开一幅素材图形 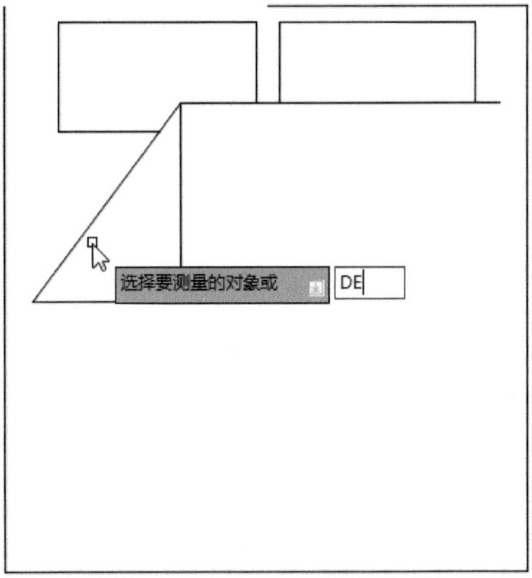　　　　　图 3-94　输入 DE（增量）命令

步骤 03 按【空格】键确认，输入增量参数值为 950，按【空格】键确认，在最上方的直线上单击，如图 3-95 所示。

步骤 04 执行操作后，即可延长床边的直线，效果如图 3-96 所示。

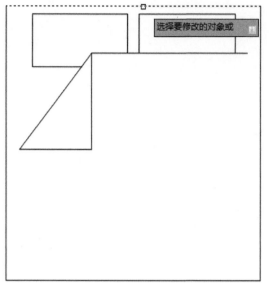

图 3-95 单击最上方的直线段

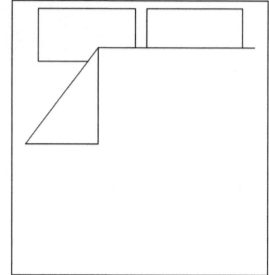

图 3-96 延长床边的直线效果

3.11 缩放图形

在 AutoCAD 2020 中，**缩放的快捷键是 SC**，主要是改变图形对象的尺寸大小，使图形对象按照指定的比例相对于基点放大或缩小，图形被缩放后形状不会改变。缩放图形有两种操作方法，一种是通过比例因子来缩放图形，另一种是通过参照物来缩放图形，下面分别对这两种缩放操作进行详细介绍。

3.11.1 通过比例因子缩放电脑桌图形

执行"缩放"命令后，当输入缩放的比例因子时，这个比例因子表示缩放的倍数，如要将图形放大两倍，就输入 2；如果要将图形缩小一半，那么输入 0.5。下面通过一个实例演示，讲解具体过程中的缩放方法。

步骤 01 单击快速访问工具栏中的"打开"按钮 ，打开一幅素材图形，如图 3-97 所示。

步骤 02 输入 SC（缩放）命令，按【空格】键确认，选择下方的椅子为缩放对象，如图 3-98 所示。

步骤 03 按【空格】键确认，指定椅子的圆心为缩放基点，这里输入缩放比例为 2，表示将椅子放大两倍，如图 3-99 所示。

步骤 04 按【空格】键确认，即可完成图形的缩放操作，效果如图 3-100 所示。

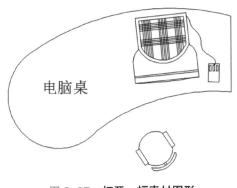

图 3-97 **打开一幅素材图形**

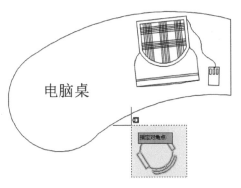

图 3-98 **选择下方的椅子为缩放对象**

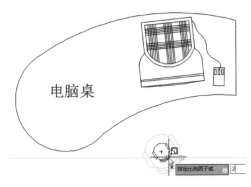

图 3-99 **输入缩放比例为 2**

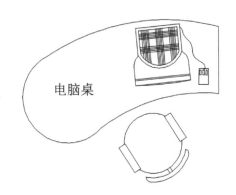

图 3-100 **完成图形的缩放操作**

3.11.2 通过参照物体来缩放床单大小

上面介绍的是按比例因子来缩放图形对象，下面介绍通过参照物体来缩放图形，因为通过比例因子缩放图形时，很难得到与相应图形匹配的大小，这时就需要根据参照物的大小来得到合适的缩放参数。

步骤01 单击快速访问工具栏中的"打开"按钮📂，打开一幅素材图形，如图 3-101所示。

步骤02 通过素材可以看出，当前这个床单的大小明显与床的比例大小不一样。在实际操作过程中，如果通过比例因子对床单进行缩放的话，很难得到与床匹配的大小，在这种情况下，需要使用缩放当中的"参照缩放"功能来实现。先执行 M（移动）命令，将床单移至床的相应位置，如图 3-102 所示。

步骤03 输入 SC（缩放）命令，按【空格】键确认，选择床单图形对象，如图 3-103所示。

步骤04 按【空格】键确认，指定图形右下角点为缩放的基点，如图 3-104 所示。

步骤05 根据命令行提示进行操作，输入 R（参照）命令并确认，接下来指定参照长度，我们进行参照的一个比例，是床单底部直线的长度，因此，捕捉床单底部直线的左右端点；接下来指定新的长度，这个床的长度是 1500，因此，这里直接输入 1500，如图3-105 所示。

步骤 06 按【空格】键确认，即可以参照的长度设置床单的长度，适当移动图形的位置，进行二次微调，效果如图 3-106 所示。

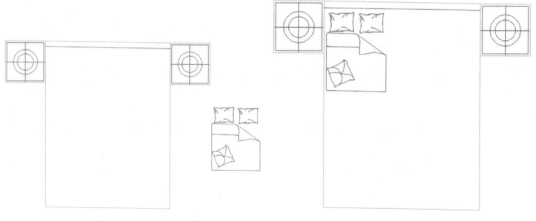

图 3-101   打开一幅素材图形   图 3-102   将床单移至床的相应位置

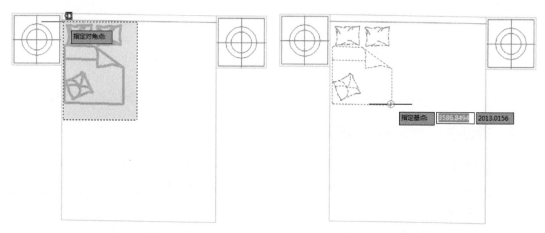

图 3-103   选择床单图形对象   图 3-104   指定图形缩放的基点

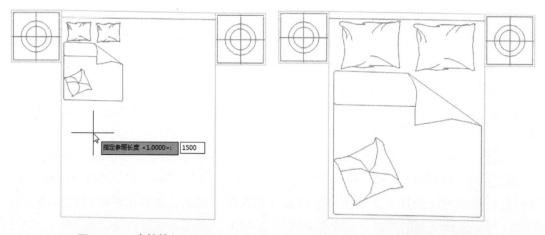

图 3-105   直接输入 1500   图 3-106   通过参照缩放图形对象

3.12　阵列图形

在 AutoCAD 2020 中，阵列是指沿着矩形、圆形及路径线进行有序的排列，主要包括矩形阵列、环形阵列及路径阵列 3 种阵列方式，下面进行讲解。

3.12.1　通过矩形阵列多个沙发对象

使用"矩形阵列"命令，可以将对象副本分布到行、列和标高的任意组合。矩形阵列就是将图形像矩形一样地进行排列，用于多次重复绘制呈行状排列的图形，如建筑物立面图的窗格、摆设规律的桌椅等。下面介绍具体的操作方法。

步骤 01　单击快速访问工具栏中的"打开"按钮 🗁，打开一幅素材图形，如图 3-107 所示。

步骤 02　输入 AR（阵列）命令，按【空格】键确认，在绘图区中选择最上方的沙发为阵列对象，如图 3-108 所示。

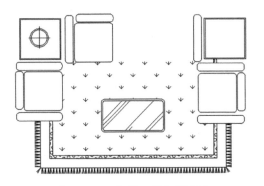

图 3-107　**打开一幅素材图形**

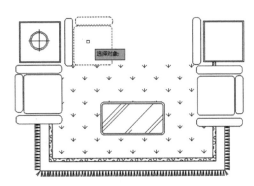

图 3-108　**选择沙发为阵列对象**

步骤 03　按【空格】键确认，弹出列表框，选择"矩形"选项，如图 3-109 所示。

步骤 04　此时，绘图区中阵列显示多个沙发，如图 3-110 所示。

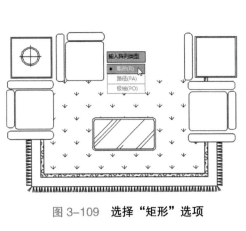

图 3-109　**选择"矩形"选项**

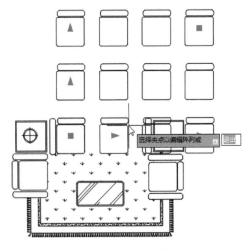

图 3-110　**阵列显示多个沙发**

步骤 05 在"阵列创建"选项卡中设置"列数"为 3、"行数"为 1；第一个"介于"为 600，表示列间距；第二个"介于"为 1，表示行间距，因为这里只阵列一行，所以这个数值在本例中毫无意义，各参数设置如图 3-111 所示。

步骤 06 设置完成后按【Enter】键确认，即可对沙发进行矩形阵列，效果如图 3-112 所示。

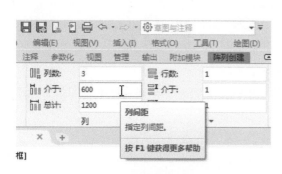

图 3-111 设置阵列的相关参数

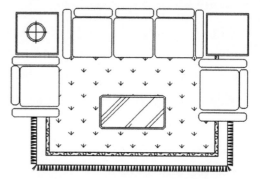

图 3-112 对沙发进行矩形阵列

▶ 专家指点

在"默认"选项卡的"修改"面板中单击"阵列"右侧的下三角按钮，在弹出的列表框中选择"矩形阵列"选项，也可以对图形进行矩形阵列操作。

3.12.2 通过环形阵列圆桌椅子图形

环形阵列可以将图形以某一点为中心点进行环形复制，阵列结果是阵列对象沿中心点的四周均匀排列成环形。下面通过"环节阵列"命令阵列圆桌椅子的操作方法。

步骤 01 单击快速访问工具栏中的"打开"按钮，打开一幅素材图形，如图 3-113 所示。

步骤 02 在"默认"选项卡的"修改"面板中单击"阵列"右侧的下三角按钮，在弹出的列表框中选择"环形阵列"选项，如图 3-114 所示。

图 3-113 打开一幅素材图形

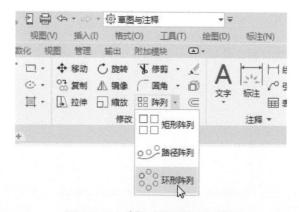

图 3-114 选择"环形阵列"选项

步骤 03 在绘图区中选择椅子为环形阵列对象，如图 3-115 所示。

步骤 04 按【空格】键确认，捕捉圆心为阵列中心点，如图 3-116 所示。

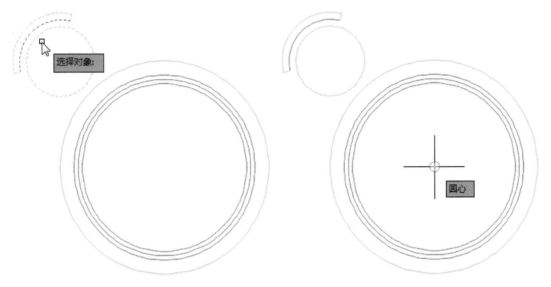

图 3-115　**选择椅子为环形阵列对象**　　　　图 3-116　**捕捉圆心为阵列中心点**

步骤 05 执行操作后，绘图区中即可显示阵列的图形效果，如图 3-117 所示。

步骤 06 在"阵列创建"选项卡中设置"项目数"为 8，如图 3-118 所示，表示阵列 8 张椅子，按【Enter】键确认。

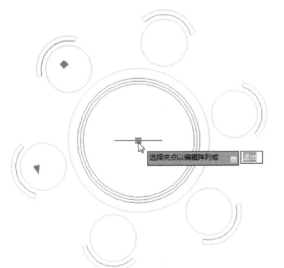

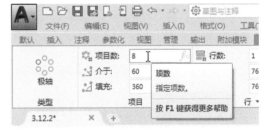

图 3-117　**显示阵列的图形效果**　　　　图 3-118　**设置"项目数"为 8**

步骤 07 即可环形阵列出 8 张椅子，效果如图 3-119 所示。

步骤 08 如果希望环形阵列的椅子有一个缺口，只需在"阵列创建"选项卡中将"填充角度"设置为 270 度即可，因为整个圆是 360°，效果如图 3-120 所示。

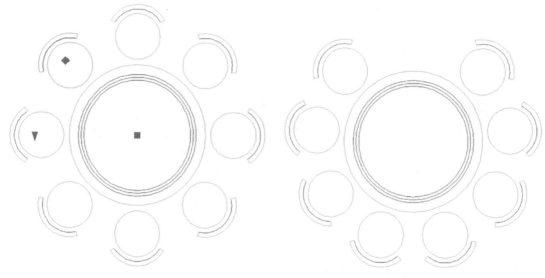

图 3-119　环形阵列出 8 张椅子　　　　　图 3-120　环形阵列的椅子有一个缺口

▶ 专家指点

　　在 AutoCAD 2020 中，在命令行中输入 ARRAYPOLAR（环形阵列）命令，并按
【Enter】键确认，也可以执行环形阵列操作。

3.12.3　通过路径阵列圆对象

　　使用"路径阵列"命令，可以使图形对象均匀地沿路径或部分路径分布，其路径可以
是直线、多段线、三维多段线、样条曲线、螺旋、圆弧、圆或椭圆等。下面介绍具体方法。

　　步骤01　单击快速访问工具栏中的"打开"按钮 📂，打开一幅素材图形，如图 3-121
所示。

　　步骤02　输入 C（圆）命令并确认，在曲线左侧绘制一个小圆，如图 3-122 所示。

　　　　图 3-121　打开一幅素材图形　　　　　图 3-122　在左侧绘制一个小圆

　　步骤03　在"默认"选项卡的"修改"面板中单击"阵列"右侧的下三角按钮，在
弹出的列表框中选择"路径阵列"选项，如图 3-123 所示。

　　步骤04　在绘图区中选择小圆为路径阵列对象，如图 3-124 所示。

　　步骤05　按【空格】键确认，然后选择路径对象，如图 3-125 所示。

　　步骤06　按【空格】键确认，即可对图形进行路径阵列，效果如图 3-126 所示。

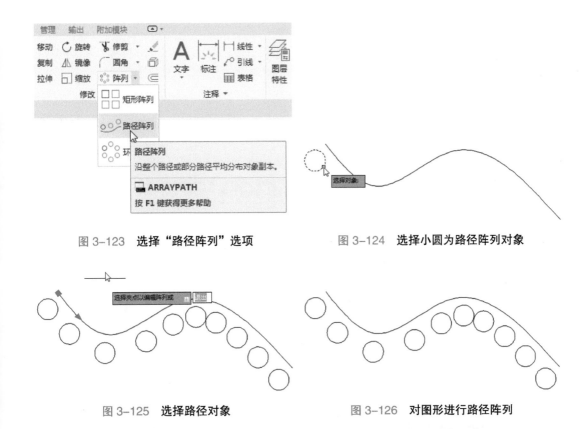

图 3-123　选择"路径阵列"选项　　　　图 3-124　选择小圆为路径阵列对象

图 3-125　选择路径对象　　　　图 3-126　对图形进行路径阵列

▶ 专家指点

　　路径上面有一个蓝色的箭头,拖曳这个箭头可以调整阵列圆与圆之间的间距,在"阵列创建"面板中还可以设置路径阵列的行数与间隔等属性。

3.13　偏移图形

　　在 AutoCAD 2020 中,偏移的快捷键是 O,它是一种移动 + 复制的效果。在偏移图形的过程中,可以一次偏移一个图形,也可以一次偏移出多个图形,下面介绍具体操作方法。

3.13.1　偏移出单个对象的操作技巧

　　在绘制墙体的过程中,有时需要绘制窗户,而窗户是一种等数值的绘制,比如在窗户的位置需要绘制 3 根线,那么等数值就是 80,因为它是 240 的宽度。下面介绍偏移单根直线的操作方法,具体步骤如下。

步骤01　单击快速访问工具栏中的"打开"按钮□,打开一幅素材图形,如图 3-127所示。

步骤02　执行 L(直线)命令,先在最左侧绘制一条直线,如图 3-128 所示。

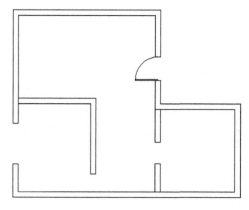

图 3-127　打开一幅素材图形

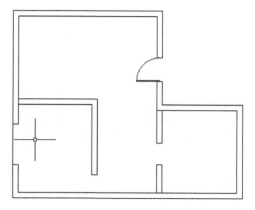

图 3-128　在最左侧绘制一条直线

步骤 03　输入 O（偏移）命令，按【空格】键确认，根据命令行提示进行操作，输入偏移距离为 80，如图 3-129 所示。

步骤 04　按【空格】键确认，选择上一步绘制的直线，向右侧进行偏移，如图 3-130 所示。

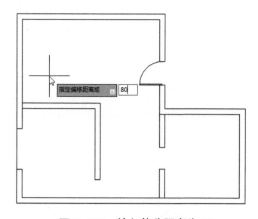

图 3-129　输入偏移距离为 80

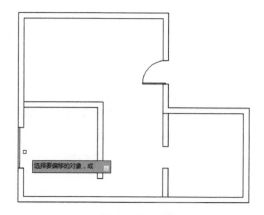

图 3-130　将直线向右侧进行偏移

步骤 05　再次向右偏移两次，即可完成窗户的绘制，效果如图 3-131 所示。

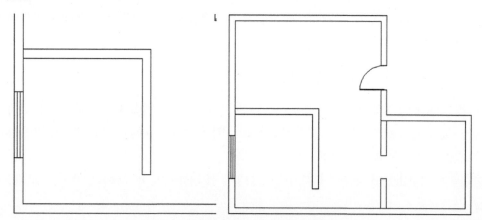

图 3-131　再次偏移两次完成窗户的绘制

> ▶ 专家指点
>
> 在 AutoCAD 2020 中，大家还可以通过以下两种方法执行"偏移"命令：
> - 在"默认"选项卡的"修改"面板中单击"偏移"按钮▣。
> - 显示菜单栏，选择"修改"|"偏移"命令。

3.13.2　一次偏移出多个等比例对象

上一例中绘制了墙体中的窗户，重复了 3 次偏移操作，才绘制出了 3 根偏移距离为 80 的线段。下面介绍的这种方法，可以一次性偏移出 3 根距离为 80 的线段，能提升绘图效率，下面介绍具体的操作方法。

步骤 01　单击快速访问工具栏中的"打开"按钮▣，打开一幅素材图形，如图 3–132 所示。

步骤 02　输入 O（偏移）命令，按【空格】键确认，根据命令行提示进行操作，输入偏移距离为 80 并确认，选择左侧需要偏移的直线，这里输入 M（多个）命令，如图 3–133 所示。

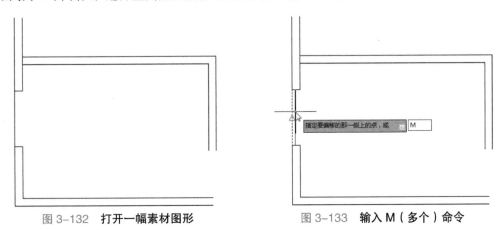

图 3–132　**打开一幅素材图形**　　　　图 3–133　**输入 M（多个）命令**

步骤 03　接下来每单击一次，即可增加一条偏移的线段，如图 3–134 所示。

步骤 04　这里单击 3 次，按【空格】键确认操作，即可一次性偏移出多个等比例的线段，完成窗户的绘制，效果如图 3–135 所示。

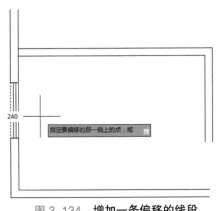

图 3–134　**增加一条偏移的线段**

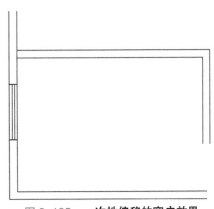

图 3–135　**一次性偏移的窗户效果**

▶ 专家指点

一次性偏移多条直线的操作是一种非常实用的方法，在建筑制图中被广泛应用。

3.14 打断图形

在 AutoCAD 2020 中，打断的快捷键是 BR，打断图形对象是用两个打断点或一个打断点打断对象。在绘图过程中，有时需要将圆、直线等对象从某一点折断，甚至需要删除其中某一部分，为此 AutoCAD 提供了"打断"命令。

3.14.1 通过"点"打断图形的技巧

下面通过一个实例的演示，讲解通过"点"打断图形的方法，具体步骤如下。

步骤 01 单击快速访问工具栏中的"打开"按钮，打开一幅素材图形，如图 3-136 所示。

步骤 02 输入 BR（打断）命令，如图 3-137 所示，按【空格】键确认。

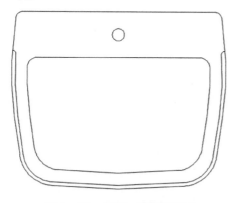

图 3-136 打开一幅素材图形

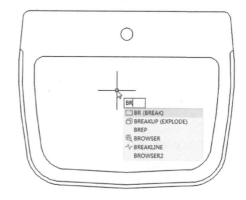

图 3-137 输入 BR（打断）命令

步骤 03 选择最上方需要打断的直线，如图 3-138 所示。

步骤 04 在需要打断的位置上单击，如图 3-139 所示。

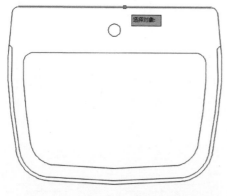

图 3-138 选择最上方需要打断的直线

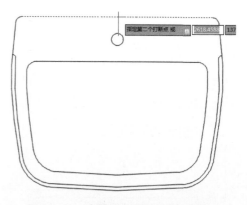

图 3-139 在需要打断的位置上单击

步骤 05　按【空格】键完成操作，即可打断直线，被打断的直线已分成两截，可以单独被选中，如图 3-140 所示。

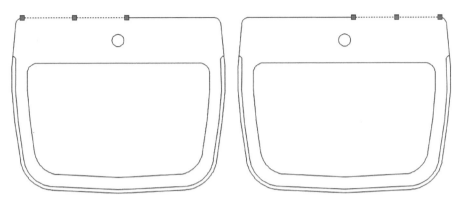

图 3-140　打断直线的效果

3.14.2　通过打断的方式形成一个缺口

有时不仅需要将图形打断，还需要在图形上形成一个缺口，这时使用"打断"命令也可以实现图形缺口的效果，具体操作步骤如下。

步骤 01　单击快速访问工具栏中的"打开"按钮，打开一幅素材图形，如图 3-141 所示。

步骤 02　在"默认"选项卡中展开"修改"面板，单击"打断"按钮，如图 3-142 所示。

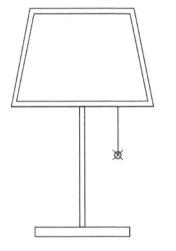

图 3-141　打开一幅素材图形

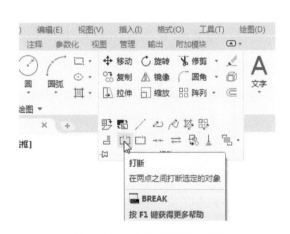

图 3-142　单击"打断"按钮

▶ 专家指点

　　在"默认"选项卡中展开"修改"面板，其中"打断"按钮主要是在两点之间打断选定的图形对象；而"打断于点"按钮主要是通过点来打断图形对象。

步骤 03 根据命令行提示进行操作，在绘图区中选择台灯的底座作为需要打断的对象，如图 3-143 所示。

步骤 04 根据命令行提示进行操作，输入 F（第一点），如图 3-144 所示。

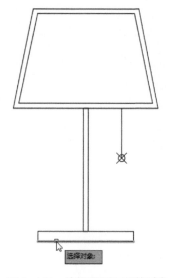

图 3-143 选择需要打断的对象

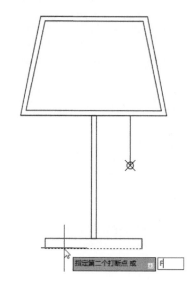

图 3-144 输入 F（第一点）

步骤 05 按【空格】键确认，在需要打断的第一点上单击，如图 3-145 所示。

步骤 06 将鼠标移至右侧需要打断的第二点上单击，如图 3-146 所示。

图 3-145 指定打断的第一点　　　　图 3-146 指定打断的第二点

▶ 专家指点

在 AutoCAD 2020 中打断图形操作时，不仅可以通过鼠标点击的方式来打断图形对象，还可以在指定打断位置时，输入打断的具体坐标参数，实现打断图形。

步骤 07 执行操作后，即可将台灯的底座线条进行打断，形成一个缺口，如图 3-147 所示。

步骤 08 形成缺口的直线，可以单独被选中，如图 3-148 所示。

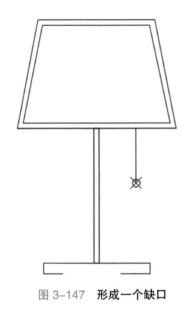

图 3-147　形成一个缺口

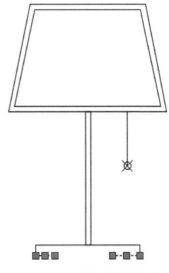

图 3-148　线条单独被选中

3.14.3　快速合并、连接已打断的图形

对于已被打断的图形，也可以通过"合并"命令将图形进行合并、连接，形成一个完整的图形。合并图形的具体操作步骤如下。

步骤01　单击快速访问工具栏中的"打开"按钮📁，打开一幅素材图形，如图 3-149 所示。

步骤02　在"默认"选项卡中展开"修改"面板，单击"合并"按钮➡，如图 3-150 所示。

步骤03　根据命令行提示进行操作，选择需要合并的第一个对象，如图 3-151 所示。

步骤04　按【空格】键确认，然后选择需要合并的第二个对象，如图 3-152 所示。

步骤05　按【空格】键确认，即可合并、连接已被打断的直线对象，形成一个整体，单击该直线，可以被选中，效果如图 3-153 所示。

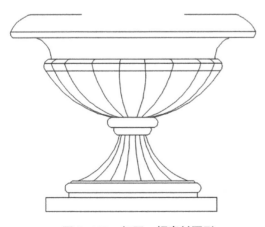

图 3-149　打开一幅素材图形

图 3-150　单击"合并"按钮

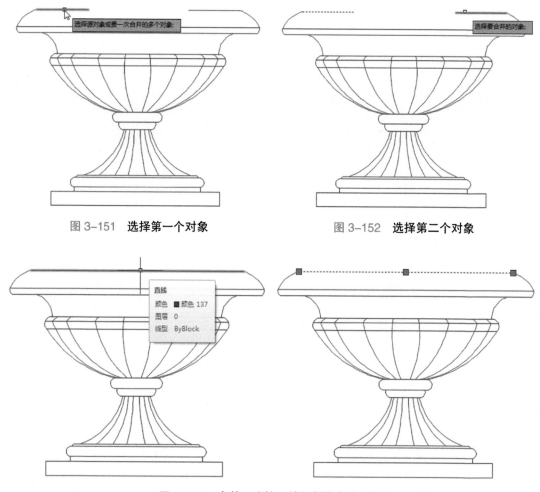

图 3-151　选择第一个对象　　　　　　　图 3-152　选择第二个对象

图 3-153　合并、连接已被打断的直线对象

3.15　使用其他实用工具

AutoCAD 2020 中还提供了一些其他的绘图与编辑命令，虽然不常用，但是也需要了解一下它们的功能，如"删除重复对象"和"清理"命令等，这些命令工具都非常实用。

3.15.1　一键删除绘图区中重复的线条

在 AutoCAD 2020 中，"删除重复对象"是指清理重叠的几何图形，快捷命令是 OVERKILL。在 CAD 制图的过程中，难免有一些不好的习惯，有时会画一些重复线，这在 CAD 当中是不明显的，也不影响我们的一些操作，但是如果要将图纸导入 3ds Max 中建模，尤其是一些墙体在建模的过程中如果有重复线的情况，就会在建模的时候出现错误。这时，删除重复线条就显得相当重要了。

步骤 01　单击快速访问工具栏中的"打开"按钮，打开一幅素材图形，如图 3-154 所示。

步骤 02 在"默认"选项卡中展开"修改"面板，单击"删除重复对象"按钮 ⊥，如图 3-155 所示。

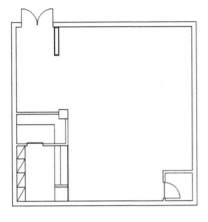

图 3-154 打开一幅素材图形

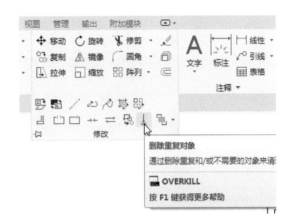

图 3-155 单击"删除重复对象"按钮

步骤 03 框选绘图区中的所有图形对象，如图 3-156 所示，按【空格】键确认。

步骤 04 弹出"删除重复对象"对话框，选中相应复选框，单击"确定"按钮，如图 3-157 所示，执行操作后，即可删除图形中的重叠线条。

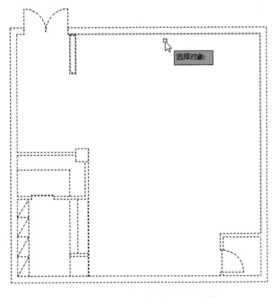

图 3-156 框选所有图形对象

图 3-157 单击"确定"按钮

3.15.2 一键清理绘图区中隐藏的文件

在 AutoCAD 2020 中，还有一个"清理"命令需要掌握。"清理"命令的快捷键是 PU，它主要是用来清理 CAD 当中一些无用的、我们看不见的、影响系统内存的一些东西。通过该命令可以及时清理掉这些无用的文件。

　　输入 PU（清理）命令，按【空格】键确认，弹出"清理"对话框，如图 3-158 所示，其中提供了两种清理方式，一种是全部清理，单击"全部清理"按钮即可；另一种是部分清理，在左侧列表框中选中相应的复选框，单击"清除选中的项目"按钮，即可进行部分清理操作。

图 3-158　弹出"清理"对话框

　　如果在制图的过程中新建了许多标注样式或者表格样式，而制图完成后，对于一些没有使用的样式就可以进行清理。这时，选择"标注样式"或"表格样式"复选框，单击"清除选中的项目"按钮，即可清理系统文件中的一些无用样式。

第 **4** 章
室内的尺寸标注与图层规划

本章主要介绍室内设计过程中的几个要点知识，如尺寸标注的应用、引线的设置、图层的设置要点与规划等，这些在室内设计过程中都是非常重要的知识技巧，需要同学们熟练掌握。尺寸标注主要用来测量图形的尺寸，图层规划主要用来管理室内设计中每个图形对象的类别，功能实用且重要。

本 章 重 点

- 关于标注的基础知识
- 使用室内常用的标注样式
- 室内图纸的引线设置技巧
- 室内常用比例样式设置
- 室内设计中图层设置的技巧

扫描二维码观看本章教学视频

4.1 关于标注的基础知识

尺寸用于描述对象各组成部分的大小及相对位置关系，是实际生产中的重要依据。尺寸标注在建筑绘图中是不可缺少的一个重要环节。图形主要用于反映各对象的形状，尺寸标注则反映了图形对象的真实大小和相互之间的位置关系。使用尺寸标注，可以清晰地查看图形的真实尺寸，如图 4-1 所示。本节主要对室内常用的标注进行讲解。

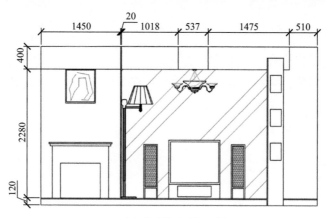

图 4-1　室内建筑中的尺寸标注

4.1.1　了解标注的基本概念

什么是标注？什么是标注样式？标注从字面上可以理解为标明和注释，标注在 AutoCAD 中占据着很重要的一个部分，因为它能给工人很直观地展示一些具体的建筑尺寸，这就要求绘图设计师对标注要有一定的了解，尤其是对于标注的规范性要有很高的要求。

关于标注方面，有以下 3 个要点：

第一，标注应该是清晰的。标注应该是清清楚楚、明明白白的，多厚、多长、多宽、多高，这些都要有一个很清晰的数值展现。

第二，标注应该是准确的。标注的精确性、准确性是标注存在的意义。如果标注标示出来的尺寸数据与实际不符或者误差很大的话，那么这个标注是没有实际作用和价值的。

第三，标注应该是高效的。这主要体现在设计师对图纸操作的快捷性，做到快速标注、灵活使用。

4.1.2　掌握标注的细分要点

在 AutoCAD 中，对标注进行细分，包括颜色的主次和空间比例的设置。

第一，颜色的主次。例如，绘制室内的插座图纸时，图纸中除了插座之外的其他内容应该是一种灰调，或者说一种不起眼的颜色，而插座的颜色应该是比较清晰、比较亮的颜色，作为重点突出，在颜色上有一个主次之分。图 4-2 所示为插座布置图，图纸中黑色的半圆部分就是插座的位置，非常明显。

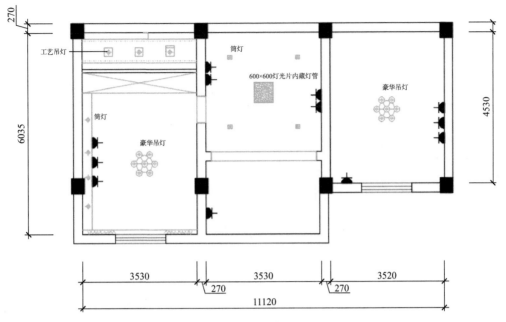

图 4-2　**插座布置图**

▶ 专家指点

　　另外，图纸的颜色越清晰、纯度越高，打印出来的图纸效果越好，越清晰明了，因为打印出来的图纸一般都是黑白效果的，这是颜色上的一个设置。

　　第二，空间比例的设置。在 AutoCAD 中绘制图形时，经常使用的绘图空间有两种，一种是模型空间，它是以模型的一个空间比例来设置的；另一种是布置空间，它是以 1∶1 的布局方式来设置的。这两种绘图空间的设置各有优点和缺点，而且出来的图纸比例都很协调，在后面的布局和模型空间的相关知识点中，会进行详细介绍。

4.2　使用室内常用的标注样式

　　在室内设计中，常用的尺寸标注包括线性标注、对齐标注、半径标注、连续标注、角度标注及快速标注等，下面分别进行介绍。

4.2.1　使用线性尺寸标注电梯立面图

　　线性尺寸标注用于对水平尺寸、垂直尺寸及旋转尺寸等长度类尺寸进行标注，捕捉端点与端点之间的距离，这些尺寸标注的方法基本类似。

　　下面介绍使用线性标注电梯立面图的操作方法。

步骤 01　单击快速访问工具栏中的"打开"按钮 ，打开一幅素材图形，如图 4-3 所示。

步骤 02　在"功能区"选项板的"默认"选项卡中单击"注释"面板中的"线性"

131

下拉按钮，在弹出的列表框中选择"线性"选项，如图4-4所示。

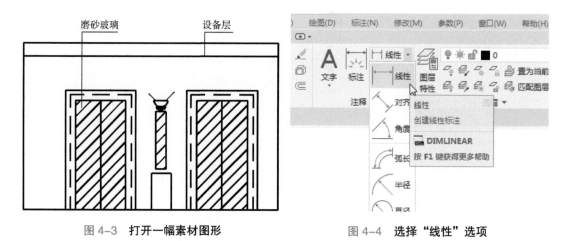

图4-3　打开一幅素材图形

图4-4　选择"线性"选项

步骤 **03** 根据命令行提示进行操作，依次捕捉图形最下方的两个端点，如图4-5所示。

步骤 **04** 向下引导光标，至合适位置后单击，即可完成线性尺寸标注，标注的效果如图4-6所示。

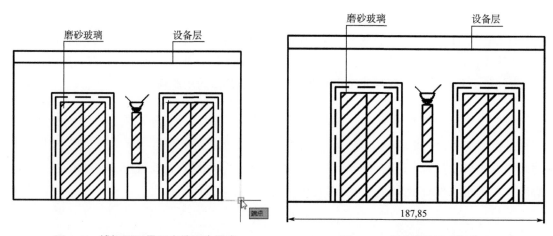

图4-5　捕捉图形最下方的两个端点

图4-6　完成线性尺寸标注

▶ 专家指点

在 AutoCAD 2020 中，还可以通过以下两种方法执行"线性"命令：
- 依次按键盘上的【Alt】、【N】、【L】键。
- 在"功能区"选项板的"注释"选项卡中单击"标注"面板中的"线性"按钮。

4.2.2　使用对齐尺寸标注椅子立面图

当需要标注斜线、斜面尺寸时，可以采用对齐尺寸标注，此时标注出来的尺寸线与斜线、斜面相互平行。在进行对齐尺寸标注时，可以指定实体的两个端点，也可以直接选取实体。

下面介绍使用对齐标注椅子立面图的操作方法。

步骤 01　单击快速访问工具栏中的"打开"按钮 ，打开一幅素材图形，如图 4-7 所示。

步骤 02　在命令行中输入 DIMALIGNED（对齐标注）命令，按【空格】键确认，在命令行提示下，捕捉右侧合适的端点，确定对齐尺寸标注的起点，如图 4-8 所示。

步骤 03　向下引导光标，捕捉下方的端点为标注的第二点，如图 4-9 所示。

步骤 04　向右移动鼠标至合适位置，单击，即可完成对齐标注的操作，效果如图 4-10 所示。

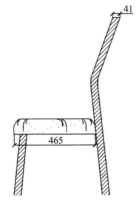

图 4-7　**打开一幅素材图形**

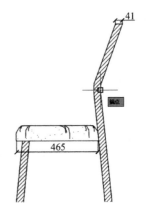

图 4-8　**捕捉右侧合适的端点**

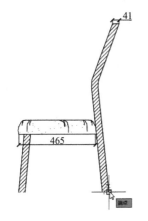

图 4-9　**捕捉标注的第二点**

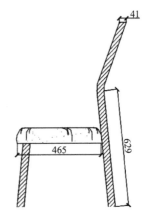

图 4-10　**完成对齐标注的操作**

▶ 专家指点

在 AutoCAD 2020 中，还可以通过以下 3 种方法执行"对齐"命令：

● 依次按键盘上的【Alt】、【N】、【G】键。

● 在"功能区"选项板的"注释"选项卡中单击"标注"面板中的"线性"下拉按钮，在弹出的列表框中选择"已对齐"选项。

● 在"功能区"选项板的"默认"选项卡中单击"注释"面板中的"线性"下拉按钮，在弹出的列表框中选择"对齐"选项。

4.2.3　使用弧长尺寸标注坐便器图形

在 AutoCAD 2020 中，弧长尺寸标注主要用于测量和显示圆弧的长度。为区别它们是线性标注还是角度标注，在默认情况下，弧长标注将显示一个圆弧号。

下面介绍使用弧长标注坐便器图形的操作方法。

步骤 01　单击快速访问工具栏中的"打开"按钮，打开一幅素材图形，如图 4-11 所示。

步骤 02　在"功能区"选项板的"默认"选项卡中单击"注释"面板中的"线性"下拉按钮，在弹出的列表框中选择"弧长"选项，如图 4-12 所示。

步骤 03　根据命令行提示进行操作，选择需要标注尺寸的圆弧，如图 4-13 所示。

步骤 04　向上拖曳鼠标，至合适位置后单击，即可创建弧长尺寸标注，效果如图 4-14 所示。

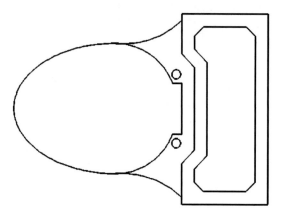

图 4-11　打开一幅素材图形

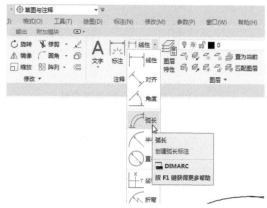

图 4-12　选择"弧长"选项

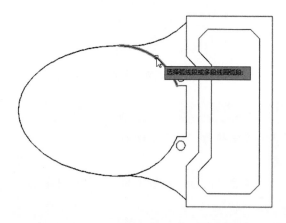

图 4-13　选择需要标注尺寸的圆弧

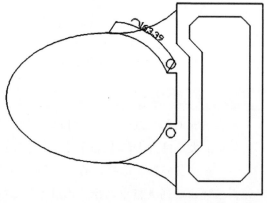

图 4-14　创建弧长尺寸标注

▶ 专家指点

在 AutoCAD 2020 中，还可以通过以下 3 种方法执行"对齐"命令：

- 依次按键盘上的【Alt】、【N】、【H】键。
- 在命令行中输入 DIMARC 命令，按【空格】键确认。
- 在"功能区"选项板的"注释"选项卡中单击"标注"面板中的"线性"下拉按
钮，在弹出的列表框中选择"弧长"选项。

4.2.4　使用连续尺寸标注鞋柜图形

在 AutoCAD 2020 中，连续标注是首尾相连的多个标注，在创建连续标注之前，必须
已有线性、对齐或角度标注。下面介绍使用连续标注鞋柜图形的操作方法。

步骤 01　单击快速访问工具栏中的"打开"按钮 ▷，打开一幅素材图形，如图 4-15
所示。

步骤 02　在"功能区"选项板的"注释"选项卡中单击"标注"面板中的"连续"
按钮 ⊬⊬，如图 4-16 所示。

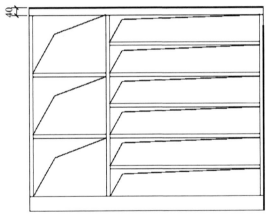

图 4-15　打开一幅素材图形

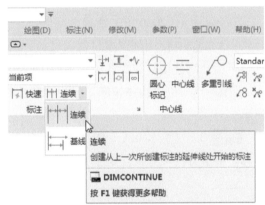

图 4-16　单击"连续"按钮

▶ 专家指点

在 AutoCAD 2020 中，连续标注与基线标注都可以一次标注多个连续标注，其不同
点在于：基线标注是基于同一标注原点，而连续标注的每个标注都是从前一个或最后
一个选定标注的第二个尺寸界线处创建，共享公共的尺寸线。创建连续标注时，必须
先创建一个线性或角度标注作为基准标注。

步骤 03　根据命令行提示进行操作，选择已有的尺寸标注，如图 4-17 所示。

步骤 04　在左侧相应的端点上依次单击，连续按两次【空格】键确认，完成连续尺
寸标注的操作，效果如图 4-18 所示。

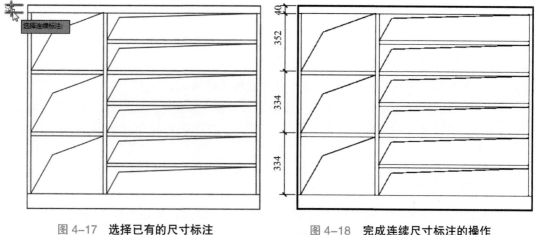

图 4-17　选择已有的尺寸标注　　　　图 4-18　完成连续尺寸标注的操作

▶ 专家指点

　　在 AutoCAD 2020 中，输入 DIMCONTINUE 命令，也可以快速创建连续标注尺寸。

4.2.5　使用基线尺寸标注厨房立面图

　　在 AutoCAD 2020 中，使用"基线标注"命令可以创建自相同基线测量的一系列相关标注。AutoCAD 使用基线增量值偏移每一条新的尺寸线并避免覆盖上一条尺寸线。

　　下面介绍使用基线标注厨房立面图的操作方法。

　　步骤 01　单击快速访问工具栏中的"打开"按钮，打开一幅素材图形，如图 4-19 所示。

　　步骤 02　输入 DBA（基线标注）命令，按【空格】键确认，在命令行提示下，将鼠标移至最下方的尺寸标注对象上，如图 4-20 所示。

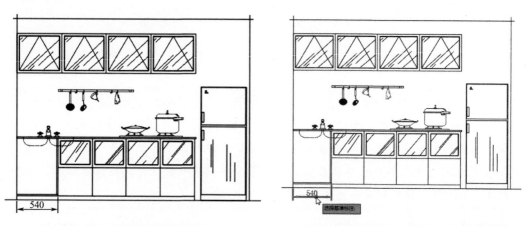

图 4-19　打开一幅素材图形　　　　图 4-20　鼠标移至最下方的尺寸标注对象上

　　步骤 03　在最下方的尺寸标注上单击，向右引导光标，捕捉下方合适的端点，标注基线尺寸，如图 4-21 所示。

步骤 04 再次在下方合适的端点上依次单击，并按【空格】键确认，即可创建基线标注，效果如图 4-22 所示。

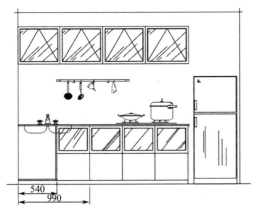

图 4-21　捕捉合适端点标注基线尺寸

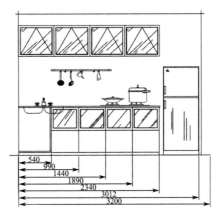

图 4-22　创建基线标注的效果

4.2.6　使用快速标注冰箱图形的尺寸

在 AutoCAD 2020 中，使用快速标注可以快速创建成组的基线标注、连续标注、阶梯标注和坐标尺寸标注。快速尺寸标注允许同时标注多个对象的尺寸，也可以对现有的尺寸标注进行快速编辑，还可以创建新的尺寸标注。下面介绍使用快速标注冰箱图形的操作方法。

步骤 01 单击快速访问工具栏中的"打开"按钮 📂，打开一幅素材图形，如图 4-23 所示。

步骤 02 在"功能区"选项板的"注释"选项卡中单击"标注"面板中的"快速"按钮，如图 4-24 所示。

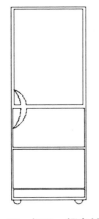

图 4-23　打开一幅素材图形

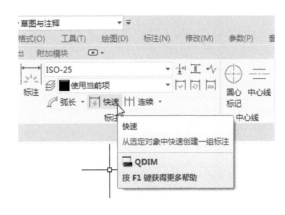

图 4-24　单击"快速"按钮

步骤 03 在命令行提示下依次选择左侧要进行标注的直线对象，如图 4-25 所示。

步骤 04 按【空格】键确认，并向左引导光标，在合适位置处单击，完成快速标注尺寸的操作，如图 4-26 所示。

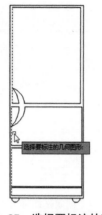

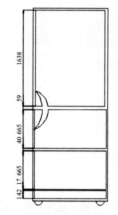

图 4-25　选择要标注的直线　　　　　　　　图 4-26　完成快速标注尺寸

▶ 专家指点

在 AutoCAD 2020 中，还可以通过以下两种方法执行"快速标注"命令：

- 依次按键盘上的【Alt】、【N】、【Enter】键，激活"快速标注"命令。
- 输入 QDIM（快速标注）命令，按【空格】键确认。

4.2.7　使用半径尺寸标注洗衣机图形

在 AutoCAD 2020 中，半径尺寸标注用于创建圆和圆弧半径的标注，它由一条具有指向圆或圆弧的箭头和半径尺寸线组成。下面介绍使用半径标注洗衣机图形的操作方法。

步骤 01 单击快速访问工具栏中的"打开"按钮，打开一幅素材图形，如图 4-27 所示。

步骤 02 在"功能区"选项板的"默认"选项卡中单击"注释"面板中的"线性"下拉按钮，在弹出的列表框中选择"半径"选项，如图 4-28 所示。

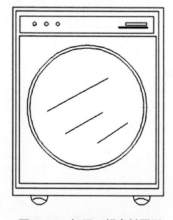

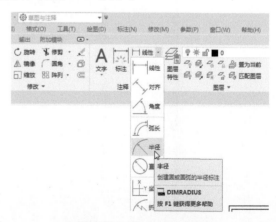

图 4-27　打开一幅素材图形　　　　　　　　图 4-28　选择"半径"选项

步骤 03　根据命令行提示进行操作，选择最大的圆对象，如图 4-29 所示。

步骤 04　向左上方引导光标，按【空格】键确认，即可创建半径尺寸标注，效果如图 4-30 所示。

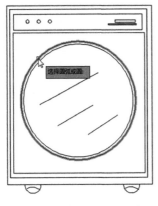

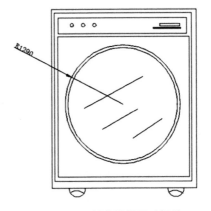

图 4-29　**选择最大的圆对象**　　　　图 4-30　**创建半径尺寸标注**

▶ 专家指点

在 AutoCAD 2020 中，还可以通过以下 3 种方法执行"半径"命令：

- 依次按键盘上的【Alt】、【N】、【R】键，激活"半径"命令。
- 输入 DIMRADIUS（半径标注）命令，按【空格】键确认。
- 在"注释"选项卡的"标注"面板上，单击"半径"按钮。

4.2.8　使用直径尺寸标注煤气灶图形

在 AutoCAD 2020 中，直径标注的尺寸线将通过圆心和尺寸线位置来指定点。下面介绍使用直径标注煤气灶图形的操作方法。

步骤 01　单击快速访问工具栏中的"打开"按钮，打开一幅素材图形，如图 4-31 所示。

步骤 02　在"功能区"选项板的"默认"选项卡中单击"注释"面板中的"线性"下拉按钮，在弹出的列表框中选择"直径"选项，如图 4-32 所示。

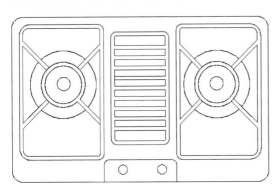

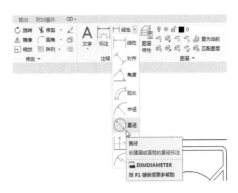

图 4-31　**打开一幅素材图形**　　　　图 4-32　**选择"直径"选项**

步骤 03 根据命令行提示进行操作,选择绘图区中左侧的大圆对象,如图 4-33 所示。

步骤 04 向左上方引导光标,至合适位置后单击,按【空格】键确认,即可创建直径标注,如图 4-34 所示。

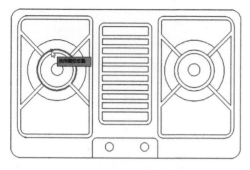

图 4-33 选择左侧的大圆对象

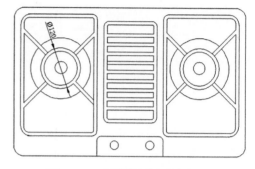

图 4-34 创建直径标注的效果

▶ 专家指点

在 AutoCAD 2020 中,还可以通过以下 3 种方法执行"直径"命令:

• 依次按键盘上的【Alt】、【N】、【D】键,激活"直径"命令。

• 输入 DIMDIAMETER(直径标注)命令,按【空格】键确认。

• 在"注释"选项卡的"标注"面板上单击"直径"按钮⌀。

4.2.9 使用坐标尺寸标注工艺吊灯图形

在 AutoCAD 2020 中,坐标尺寸标注可以标注测量原点到标注特性点的垂直距离,这种标注保持特征点与基准点的精确偏移量,从而可以避免误差的产生。

下面介绍使用坐标尺寸标注工艺吊灯图形的操作方法。

步骤 01 单击快速访问工具栏中的"打开"按钮,打开一幅素材图形,如图 4-35 所示。

步骤 02 在"功能区"选项板的"默认"选项卡中单击"注释"面板中的"线性"下拉按钮,在弹出的列表框中选择"坐标"选项,如图 4-36 所示。

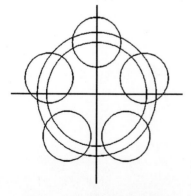

图 4-35 打开一幅素材图形

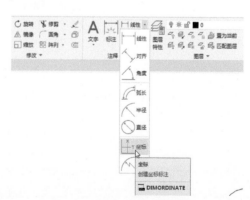

图 4-36 选择"坐标"选项

步骤 03　根据命令行提示进行操作，在绘图区中的圆心上单击，如图 4-37 所示。

步骤 04　向左拖曳鼠标，至合适位置后单击，即可创建坐标尺寸标注，效果如图 4-38 所示。

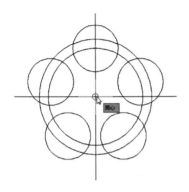

图 4-37　在圆心上单击鼠标左键

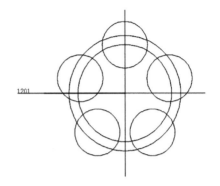

图 4-38　创建坐标尺寸标注

▶ **专家指点**

在 AutoCAD 2020 中，还可以通过以下两种方法执行"坐标"命令：

- 依次按键盘上的【Alt】、【N】、【O】键，激活"坐标"命令。
- 输入 DIMORDINATE（坐标）命令，按【空格】键确认。

4.3　室内图纸的引线设置技巧

在 AutoCAD 2020 中，引线在绘图过程中主要体现在对材料的标识，包括一些平面的、立面上的标识、标注，如图 4-39 所示，图中的蓝色文字就是引线标注，说明了不同类型的装修材料，方便工人进行查看。

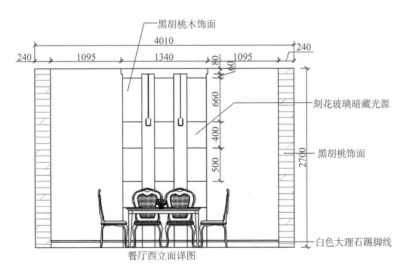

图 4-39　绘图过程中的引线标注

4.3.1 在餐厅西立面详图中创建引线

下面通过一个实例介绍引线在室内绘图过程中的具体应用。

步骤 01 单击快速访问工具栏中的"打开"按钮📂，打开一幅素材图形，如图 4-40 所示。

步骤 02 在绘图区中输入 LE（引线）命令，如图 4-41 所示。

步骤 03 按【空格】键确认，根据命令行提示进行操作，先对引线进行相关设置，这里输入 S（设置）命令，如图 4-42 所示。

步骤 04 按【空格】键确认，弹出"引线设置"对话框，在"注释"选项卡中选择"多行文字"单选按钮，如图 4-43 所示。

步骤 05 单击"引线和箭头"标签，切换至"引线和箭头"选项卡，在"角度约束"选项组中设置"第二段"为"水平"，如图 4-44 所示。

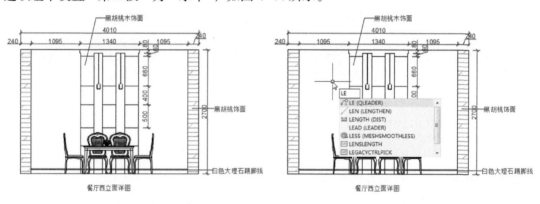

图 4-40　打开一幅素材图形　　　　图 4-41　输入 LE（引线）命令

图 4-42　输入 S（设置）命令

图 4-43　选择"多行文字"单选按钮

图 4-44　设置"第二段"为"水平"

步骤06　设置完成后,单击"确定"按钮,返回绘图区,在图纸上指定引线的起点位置,如图 4-45 所示。

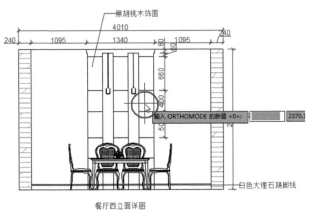

图 4-45　指定引线的起点位置

步骤07　向右上方拖曳鼠标，指定引线的第二点，如图 4-46 所示。

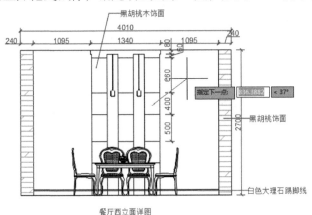

图 4-46　指定引线的第二点

步骤08　继续向右引导光标,此时自动绘制水平直线,在需要输入文字的位置上单击,如图 4-47 所示。

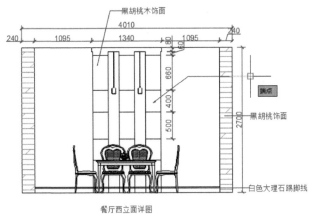

图 4-47　自动绘制水平直线

步骤 09 根据命令行提示进行操作，指定文字的高度，这里直接按【空格】键确认；界面中提示输入注释文字的第一行，按【空格】键，然后在右侧的文本框中输入相应的文本内容，如图 4-48 所示。

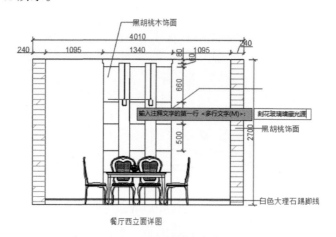

图 4-48　输入相应的文本内容

步骤 10 确认文字的输入后，直接按两次【Enter】键确认，即可完成引线的设置，效果如图 4-49 所示。

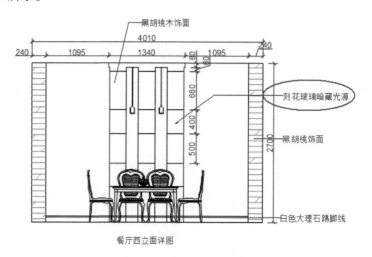

图 4-49　完成引线的设置

4.3.2　掌握引线的相关设置

通过上一例知识点的学习，我们掌握了引线在室内绘图过程中的具体应用，还有一些关于引线的设置技巧及实用的功能需要大家熟练掌握，如引线的样式、引线的箭头等，这样可以帮助我们更合理地绘制引线，下面进行介绍。

在绘图区中输入 LE（引线）命令，按【空格】键确认，根据命令行提示进行操作，输入 S（设置）命令，弹出"引线设置"对话框，切换至"引线与箭头"选项卡，在"引线"选项组中提供了两种引线的样式，一种是直线，另一种是样条曲线，如图 4-50 所示。

下面看一下直线与样条曲线的引线区别，直线是垂直、水平或斜线样式，如图 4-51 所示；而样条曲线是以曲线来作为引线的，线条平滑、曲折，如图 4-52 所示。

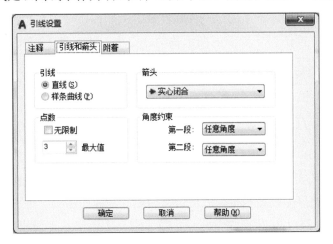

图 4-50　**提供了两种引线的样式**

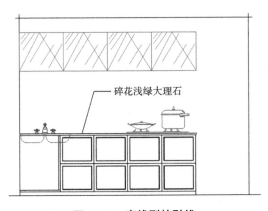

图 4-51　**直线型的引线**

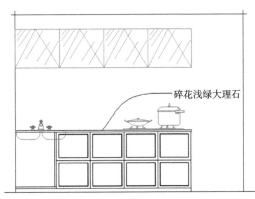

图 4-52　**样条曲线型的引线**

在"引线和箭头"选项卡的"箭头"选项组中，还可以设置不同的引线箭头的样式，来区分引线，包括实心闭合、空心点及基准三角形等样式，空心点样式如图 4-53 所示，基准三角形样式如图 4-54 所示。

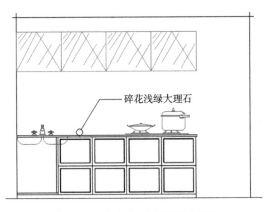

图 4-53　**空心点样式的引线效果**

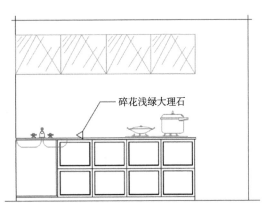

图 4-54　**基准三角形样式的引线效果**

4.4 室内常用比例样式设置

本节主要介绍室内设计常用的比例样式设置，例如，在一些平面图当中，1：100 的比例用得比较多；在立面图当中要求的图纸数值就更小一些，如 1：80、1：50 等，那么这种比例应该如何来设置呢？这也是很多初学者比较困惑的问题，接下来和大家一起探讨一下。

4.4.1 新建标注样式

在 AutoCAD 2020 中，很多标注样式都是在 ISO–25（国际标准组织标注标准）这个基础上进行设置的。其实 ISO–25 并不是偏室内设计的样式，而有点偏机械方面，不过一般都是在这个样式上进行修改和调整，以适合室内设计的标注需要。

在绘图区中输入 D（标注样式）命令，按【空格】键确认，弹出"标注样式管理器"对话框，在"样式"列表框中选择 ISO–25 样式，如图 4-55 所示；然后单击右侧的"新建"按钮，如图 4-56 所示。

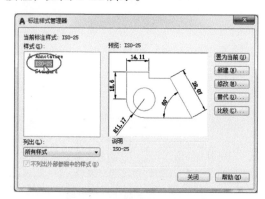
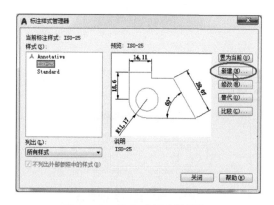

图 4-55　选择 ISO-25 样式　　　　　　图 4-56　单击"新建"按钮

弹出"创建新标注样式"对话框，在"新样式名"文本框中可以设置标注样式的名称，这个名称可以根据自己的习惯和记忆去设置，如要新建一个 1：100 的标注样式，那么名称可以设置为"1 比 100"，如图 4-57 所示；"基础样式"以 ISO–25 为样式，不要选择"注释性"复选框，因为选中它之后是以布局空间 1：1 的比例来设置的。

图 4-57　将名称设置为"1 比 100"

在"创建新标注样式"对话框中设置完成后，单击"继续"按钮，弹出"新建标注样式"对话框，如图 4-58 所示，其中包括很多选项设置，不一定要将每一个选项功能都掌握好，只需要掌握一些常用的选项设置即可，在后面的知识点中会进行详细介绍。在对话框中根据需要设置好相应的标注样式后，单击"确定"按钮，即可完成新建标注样式的操作。

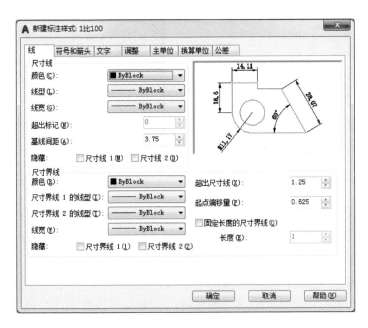

图 4-58　弹出"新建标注样式"对话框

"新建标注样式"对话框中的各选项卡的含义如下。

·"线"选项卡：该选项卡主要用于设置尺寸线、尺寸界线的颜色、线型、线宽、超出标记和基线间距等。

·"符号和箭头"选项卡：该选项卡主要用于设置箭头、圆心标记、弧长符号及折弯半径标注的格式和位置。

·"文字"选项卡：该选项卡主要用于设置标注文字的格式、位置和对齐方式。

·"调整"选项卡：该选项卡主要用于控制标注文字、箭头、引线和尺寸线的放置。

·"主单位"选项卡：该选项卡主要用于设置主标注单位的格式和精度，并设定标注文字的前缀和后缀。

·"换算单位"选项卡：该选项卡主要用于指定的标注测量值中换算单位的显示，并设置其格式和精度。

·"公差"选项卡：该选项卡主要用于指定标注文字中公差的显示及格式。

4.4.2　设置标注样式的尺寸线

在"线"选项卡的"尺寸线"选项组中可以设置标注尺寸线的颜色，这个功能是非常实用的。在前面讲标注时讲过一个原则就是标注要清晰，颜色要明显，所以，在这里可以设置标注的线型颜色。单击"颜色"右侧的下拉按钮，在弹出的列表中选择"红"选项，如图 4-59 所示，即可将尺寸线的颜色设置为红色，效果如图 4-60 所示。

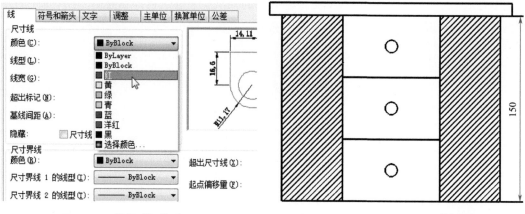

图 4-59　选择"红"选项　　　　　图 4-60　将尺寸线的颜色设置为红色

在标注图形的过程中，如果是以标注上面的文字为主，那么标注尺寸线的颜色就不能设置得太亮丽，最好以浅色为主，如果在"颜色"列表中没有合适的颜色，此时可以选择"选择颜色"选项，在弹出的"选择颜色"对话框中可以选择相应的浅色色块，也可以直接在"颜色"数值框中输入颜色的参数，这里输入 155，这是一种浅灰色的颜色，如图 4-61 所示；单击"确定"按钮，即可将标注的颜色设置为浅灰色，效果如图 4-62 所示。

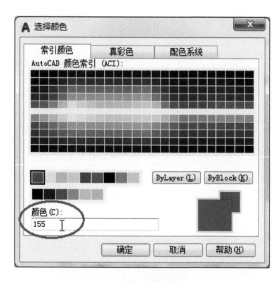

图 4-61　输入颜色参数 155

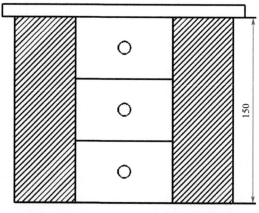

图 4-62　将标注的颜色更改为浅灰色

▶ 专家指点

　　"尺寸线"选项组中的其他选项，如线型、线宽等，一般都保持默认设置，不用去调它，"基线间距"一般使用得也较少。

通过图 4-62 可以看上，尺寸线调整为了浅灰色，但是尺寸线两边的垂直界线还是黑色的，这里需要进行统一调整，使尺寸线与界线的颜色统一，在美观性上才好看。在"尺寸界线"选项组中设置"颜色"为 155（浅灰色），统一颜色，如图 4-63 所示，"尺寸界线"选项组中的"线型"选项一般保持默认设置即可。

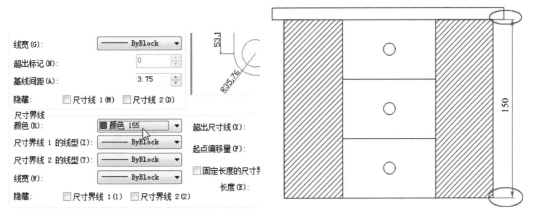

图 4-63　**设置"尺寸界线"的"颜色"为 155（浅灰色）**

在"尺寸界线"选项组中有 3 个比较重要的参数，下面进行介绍。

1. 超出尺寸线

在"尺寸界线"选项组的右侧有一个"超出尺寸线"选项，这个参数是指尺寸界线超过尺寸线的距离，我们来看一下设置"超出尺寸线"数值为 1 与数值为 30 的一个区别，如图 4-64 所示。通过图 4-64，就能看出"超出尺寸线"这个选项在绘图中的区别与重要性了，一般根据图纸给出一个合适的数值即可。

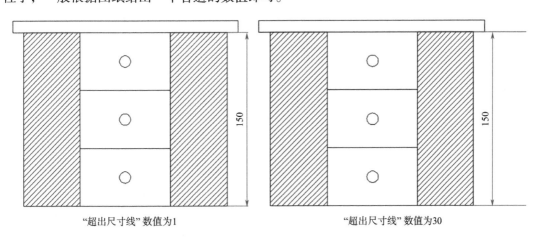

"超出尺寸线"数值为1　　　　　　　　　　"超出尺寸线"数值为30

图 4-64　**设置"超出尺寸线"数值为 1 与数值为 30 的区别**

2. 起点偏移量

在"尺寸界线"选项组的右侧还有一个"起点偏移量"选项，这个参数是指尺寸界线与起点的一个距离，我们来看一下设置"起点偏移量"数值为 1 与数值为 15 的一个区别，如图 4-65 所示。

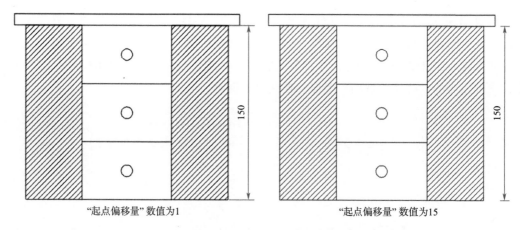

"起点偏移量"数值为1   "起点偏移量"数值为15

图 4-65   设置"起点偏移量"数值为 1 与数值为 15 的区别

3. 固定长度的尺寸界线

在"尺寸界线"选项组的右侧还有一个比较重要的复选框，就是"固定长度的尺寸界线"复选框，很多初学者都没有注意到这个选项，也没有掌握这个选项的功能，其实这个选项运用到位，可以达到事半功倍的效果，这个功能非常实用。

对长度不一的线段进行标注，如素材如图 4-66 所示。默认情况下，使用的标注尺寸的效果如图 4-67 所示。

图 4-66   床头灯的素材

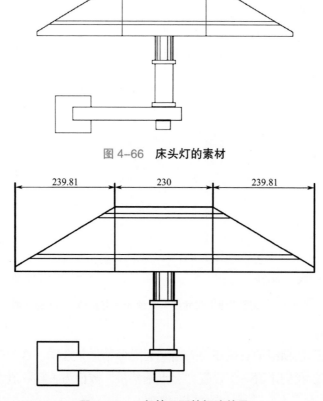

图 4-67   一般情况下的标注效果

选择"固定长度的尺寸界线"复选框后，设置"长度"为 10，如图 4-68 所示；标注出来的效果如图 4-69 所示，标注尺寸显得更加美观，整个图纸就更加清晰了。

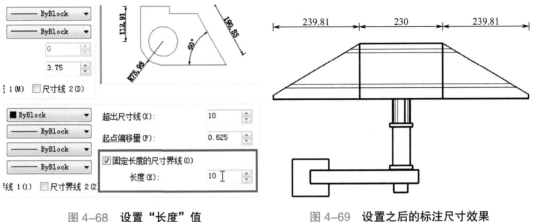

图 4-68　设置"长度"值　　　　　　图 4-69　设置之后的标注尺寸效果

4.4.3　设置标注样式的箭头样式

在"符号和箭头"选项卡中可以设置标注样式的箭头。在"箭头"选项组中将"第一个"与"第二个"选项设置为"建筑标记"，"箭头大小"一般默认是 2.5，根据实际情况可以稍做调整，这里设置"箭头大小"为 25，如图 4-70 所示；单击"确定"按钮，设置后的建筑标记样式效果如图 4-71 所示。

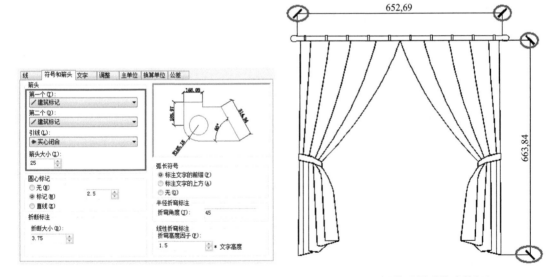

图 4-70　设置"箭头大小"参数　　　　图 4-71　预览设置后的建筑标记

4.4.4　设置标注样式的文字属性

在"文字"选项卡中有两个功能比较实用，一个是文字的颜色，另一个是文字的高度，下面分别进行介绍。

1. 设置文字的颜色

一般情况下，标注的颜色要设置得亮一点，这样工人在看图纸时才会更清晰，可以将标注的颜色设置为红色，效果如图 4-72 所示。

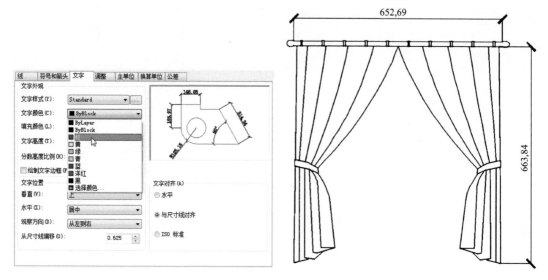

图 4-72　将标注的颜色设置为红色

2. 设置文字的高度

设置文字的高度功能非常实用，有时在标注尺寸时，文字太小，基本看不见，这种情况下就需要设置"文字高度"，来调整标注文字的大小。

图 4-73 所示为"文字高度"分别为 2.5 与 30 的标注文字效果。

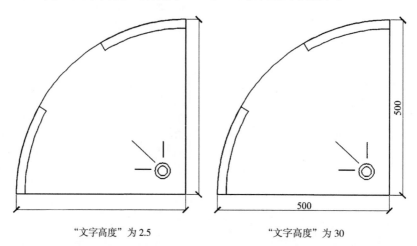

"文字高度"为 2.5　　　　　　　　　"文字高度"为 30

图 4-73　**"文字高度"分别为 2.5 与 30 的标注文字效果**

3. 设置文字的对齐方式

在"文字"选项卡的"文字对齐"选项组中包含 3 种文字的对齐方式，第一种是水平对齐，第二种是与尺寸线对齐，第三种是以 ISO 标准，这 3 种对齐方式的文字对齐效果如图 4-74 所示。

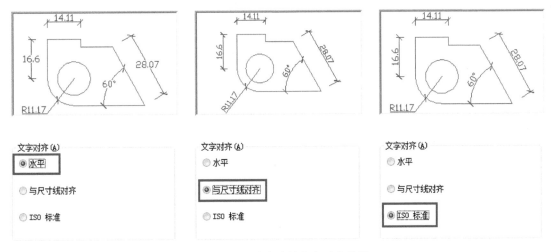

图 4-74　**3 种方式的文字对齐效果**

4.4.5　调整尺寸标注的显示位置

如果尺寸界线之间没有足够的空间来放置文字与箭头，那么首先从尺寸界线中移出，移出来之后尺寸标注的箭头与文字显示在哪个位置呢？这就需要在"调整"选项卡中进行相关设置了。在"调整选项"选项组中一般默认选择"文字或箭头（最佳效果）"单选按钮，让 CAD 自动匹配最适合的显示效果，如图 4-75 所示。

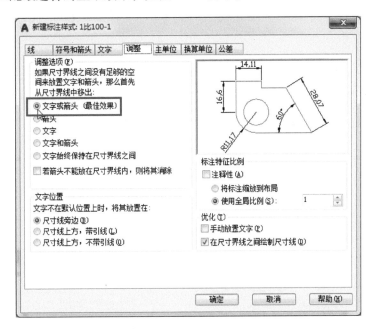

图 4-75　**默认选中"文字或箭头（最佳效果）"单选按钮**

在"文字位置"选项组中可以设置尺寸标注上文字的显示位置。如果文字不在默认位置上，笔者建议将其放置在尺寸线的上方，带引线。将文字放在尺寸线的旁边与尺寸线的上方的效果如图 4-76 所示。

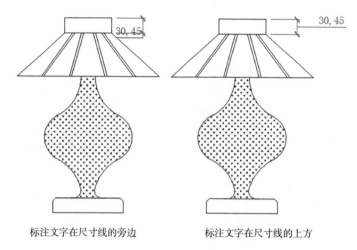

标注文字在尺寸线的旁边　　　　　　标注文字在尺寸线的上方

图 4-76　将文字放在尺寸线的旁边与尺寸线上方的对比效果

在"标注特征比例"选项组中还有一个非常重要的参数，就是"使用全局比例"数值框，这个数值框有什么作用呢？前面在讲解"文字高度"时提到过，有时标注出来的文字显示太小，基本看不见，可以调整全局比例因子，将比例调大一点，这样文字也会显示得更大一点。

默认情况下，"使用全局比例"数值框是 1∶1 的参数设置，但是在模型空间的话，这个比例是很小的，如果在模型空间绘图的话，建议将"使用全局比例"设置为 100，表示 1∶100 的比例。下面看一下在模型空间中 1∶1 与 1∶100 的尺寸标注对比效果，如图 4-77 所示。

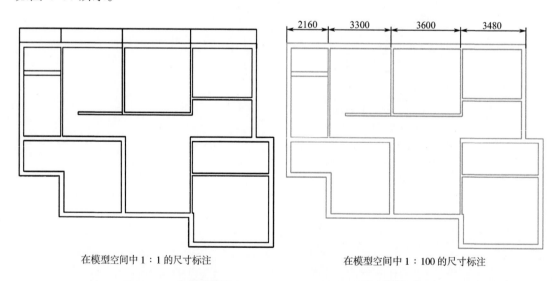

在模型空间中 1∶1 的尺寸标注　　　　　　在模型空间中 1∶100 的尺寸标注

图 4-77　在模型空间中 1∶1 与 1∶100 的尺寸标注对比效果

通过图 4-77 中的对比，可以看出，在 1∶1 比例下，根本看不清标注的文字效果；而在 1∶100 比例下，标注文字的尺寸是非常清晰的。调整"使用全局比例"的参数值，同样能达到调整文字高度的效果。

4.5　室内设计中图层设置的技巧

在 AutoCAD 2020 中，图形中通常包括多个图层，它们就像一张张透明的图纸一样重叠在一起。图层是管理图形的有力工具，在建筑制图过程中，图层的应用尤为重要。在绘图时应该考虑将图形分为哪些图层，以及按照什么标准进行划分。利用图层进行管理可以使各种信息更加清晰有序，便于查找和修改。

在建筑工程制图中，图形中主要包括墙体、灯具、家具、绿化、填充、门窗、尺寸标注及文字说明等元素，如图 4-78 所示。如果使用图层来管理这些元素，不仅能使图形的各种信息清晰、有序、便于观察，而且会给图形的编辑、修改和输出带来很大的方便。

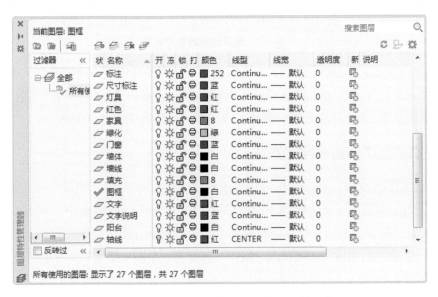

图 4-78　通过图层分类管理建筑制图的元素

图层在 AutoCAD 当中是一个非常重要的概念，它是用来快速辨别、快速观看不同物件的一个实用工具。下面对图层的设置要点进行相关介绍。

4.5.1　图层的设置原则与规划

在 AutoCAD 中，关于"图层"的设置原则如下：

第一，图层的数量：图层应该进行大体分类，宜少不宜多。例如，在"家具"图层中有桌子、椅子、电器等，那么可以统一规划为"家具"图层，而不应该设置为"桌子"图层、"椅子"图层及"电器"图层等。

第二，颜色及线型：应该主次分明，线型设置越宽的应该选更亮的颜色。主次分明最重要的方式就是在颜色上的一个区分，颜色越亮、越鲜艳、越纯，打印出来的图纸就越清晰、越明了。对于一些很重要的线型，应该设置得宽一些，这也是为了它的主次分明。

例如，在绘制建筑结构图时，图中的墙体、梁及一些辅线，都是通过不同宽度的大小来设置的。再如，在同一张图纸中，墙厚一点，家具线稍微窄一些，也是为了主次分明。

下面介绍一些图层规划的参考案例，以及图层的颜色与线宽等，如图 4-79 所示。

图层	颜色	线宽
外墙	5	0.3
门窗	155	默认
注释	1	默认
吊顶	4	默认
填充	8	0.09
家具	4	默认
点划线	155	默认
（其他需亮色突出的图层以颜色4号为主，灰调以颜色155为主。）		

图 4-79　**图层规划的参考案例**

在图 4-79 中，1 号表示红色，5 号表示蓝色，这两种是比较亮的颜色，一般外墙和注释都采用红色；对于门窗和点画线这些不起眼的图形，可以用 155 号的浅灰色系；8 号是一个纯灰色的色系；4 号是一个青色系，一般吊顶、家具都用青色线条表示。

4.5.2　建筑制图中新建图层的方法

在 AutoCAD 2020 中，使用图层可以管理和控制复杂的图形，"图层"命令的快捷键是 LA。在绘图时，可以把不同种类和用途的图形分别置于不同的图层中，从而实现对相同种类图形的统一管理。下面介绍在建筑制图中新建图层的方法，具体步骤如下。

步骤 01　在"功能区"选项板的"默认"选项卡中单击"图层"面板中的"图层特性"按钮，如图 4-80 所示。

步骤 02　或者，在绘图区中输入 LA（图层）命令，如图 4-81 所示，按【空格】键确认。

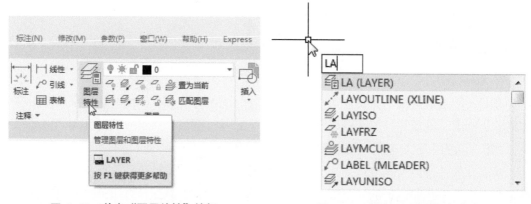

图 4-80　**单击"图层特性"按钮**　　　图 4-81　**输入 LA（图层）命令**

步骤 03　弹出"图层特性管理器"面板，在上方单击"新建图层"按钮，如图 4-82 所示。

步骤 04　执行操作后，即可新建"图层 1"图层，如图 4-83 所示。

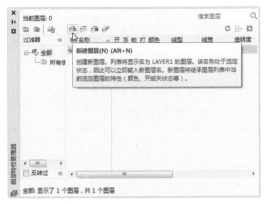

图 4-82　**单击"新建图层"按钮**

图 4-83　**新建"图层 1"图层**

步骤 05　先设置图层的名称，选择一种合适的输入法，输入"墙体"，按【Enter】键确认，设置图层名称，如图 4-84 所示。

步骤 06　这里再介绍一种快速新建图层的方法，在面板中选择"墙体"图层，按【Enter】键确认，即可快速新建一个图层，如图 4-85 所示。

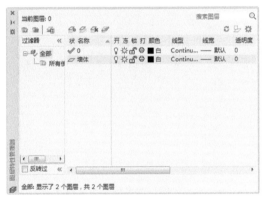

图 4-84　**设置图层名称**

图 4-85　**快速新建一个图层**

步骤 07　用与上述同样的方法，新建"家具""门窗""填充"及"图层 2"图层，如图 4-86 所示。

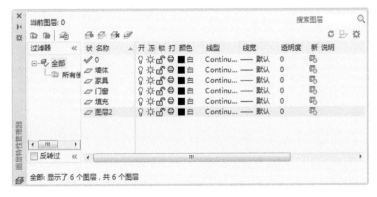

图 4-86　**新建多个图层**

▶ 专家指点

在 AutoCAD 2020 中，图层名最多可以包含 255 个字符（双字节字符或由字母和数字组成的字符），包括字母、数字、空格和几种特殊字符。

在图形中可以创建的图层数及在每个图层中可以创建的对象数实际上没有限制，在大多数情况下，用户选择的图层名由企业、行业或客户标准规定。

4.5.3 对图层名称进行重命名操作

在 AutoCAD 2020 中，新建图层后，如果图层的名称写错了，可以随时对图层的名称进行重命名操作，具体步骤如下。

步骤 01 在需要重命名的图层上单击鼠标右键，在弹出的快捷菜单中选择"重命名图层"命令，如图 4-87 所示。

步骤 02 执行操作后，图层的名称呈可编辑状态，如图 4-88 所示。

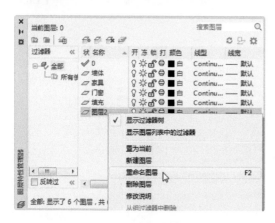
图 4-87　选择"重命名图层"命令

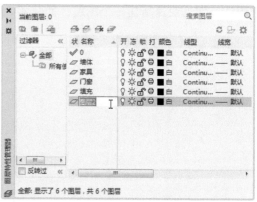
图 4-88　图层的名称呈可编辑状态

步骤 03 选择一种合适的输入法，输入相应的图层名称，如图 4-89 所示。

步骤 04 名称更改完成后，按【Enter】键确认，即可重命名图层，如图 4-90 所示。

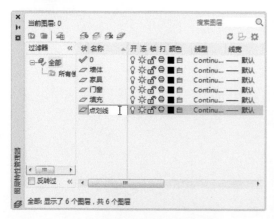
图 4-89　输入相应的图层名称

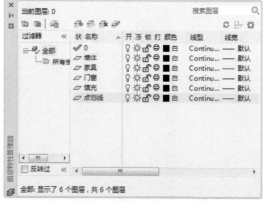
图 4-90　重命名图层的名称

4.5.4 室内设计中图层的颜色设置

图层的颜色很重要，使用颜色能够直观地标识对象，这样便于区分图形的不同部分。在同一图形中，可以为不同的对象设置不同的颜色。下面介绍设置图层颜色的操作方法。

步骤 01 在上一例的基础上，单击"墙体"图层中的"颜色"色块，如图 4-91 所示。

步骤 02 弹出"选择颜色"对话框，在"真彩色"选项卡中可以输入颜色的 RGB 参数值，以及色调、饱和度和亮度参数，设置想要的颜色效果，如图 4-92 所示。

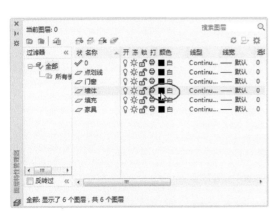

图 4-91 单击"颜色"色块

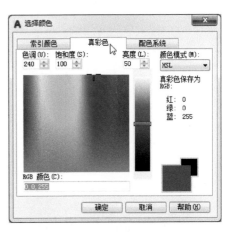

图 4-92 "真彩色"选项卡

> ▶ **专家指点**
>
> 在相应图层的"颜色"色块上单击鼠标右键，在弹出的快捷菜单中选择"选择颜色"命令，也可以弹出"选择颜色"对话框。

步骤 03 单击"索引颜色"标签，切换至"索引颜色"选项卡，在下方单击"索引颜色"区域中的 5 号色（蓝色），"颜色"的名称显示为"蓝"，如图 4-93 所示。

步骤 04 设置完成后，单击"确定"按钮，即可将"墙体"图层设置为蓝色，如图 4-94 所示，蓝色是一种比较亮的颜色，也是"墙体"图层常用的颜色。

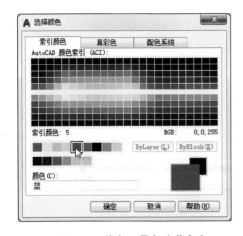

图 4-93 单击 5 号色（蓝色）

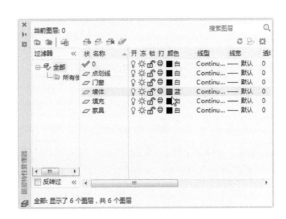

图 4-94 将图层设置为蓝色

步骤 05 用与上述同样的方法，设置"点划线"与"门窗"图层的颜色为155号（浅灰色），设置"家具"图层的颜色为4号（青色），设置"填充"图层的颜色为8号（纯灰色），只需在"颜色"下方的文本框中输入相应的颜色序号即可，设置完成后的图层效果如图4-95所示。

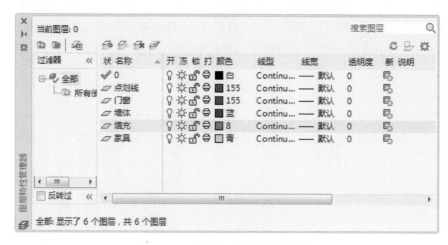

图 4-95　设置完成后的图层效果

图4-96所示为图纸中的墙体设置前与设置为蓝色后的对比效果。

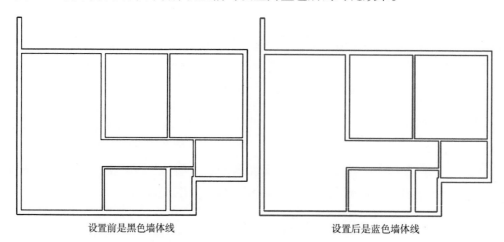

设置前是黑色墙体线　　　　　　　　　　设置后是蓝色墙体线

图 4-96　墙体设置前与设置为蓝色后的对比效果

4.5.5　室内设计中图层的线宽设置

线宽设置就是改变线条宽度。在 AutoCAD 2020 中，使用不同宽度的线条表现对象大小或类型，可以提高图形的表达能力和可读性。一般情况下，可以将墙体的线宽设置为0.3的宽度，具体操作步骤如下。

步骤 01 在上一例的基础上单击"墙体"图层中的"线宽"选项，如图4-97所示。

步骤 02 或者在"线宽"选项上单击鼠标右键，在弹出的快捷菜单中选择"选择线宽"命令，如图4-98所示。

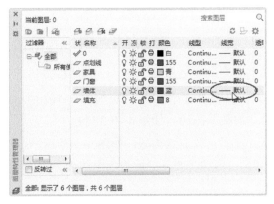

图 4-97　单击"线宽"选项

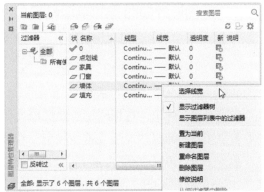

图 4-98　选择"选择线宽"命令

步骤 03　弹出"线宽"对话框，默认的线宽是 0.25mm，这里加宽一点，选择 0.30mm 的线宽，如图 4-99 所示。

步骤 04　设置完成后，单击"确定"按钮，即可设置图层的线宽，如图 4-100 所示。

图 4-99　选择 0.30mm 的线宽

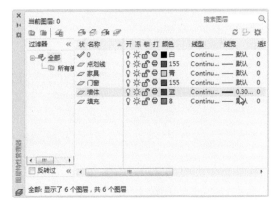

图 4-100　设置图层的线宽

步骤 05　对于"家具"和"门窗"这类图形，笔者建议使用默认的线宽，或者将线宽调整为 0.15 的大小，比默认的线宽稍微小一点。对于"填充"图层上的填充物体，尽量将线宽改小一点，笔者建议改为 0.09 的线宽，毕竟填充的物体在图形上是比较大块的区域，如果线型太宽、太粗的话，就会影响图形的美观性，设置线宽后的图层效果如图 4-101 所示。

图 4-101　设置线宽后的图层效果

161

4.5.6 室内设计中图层的线型设置

线型是由沿图线显示的线、点和间隔组成的图样。在图层中设置线型，可以更直观地区分图像，使图形易于查看。一般情况下，"点划线"的线型呈虚线显示，具体设置如下。

步骤 01 在上一例的基础上，单击"点划线"图层中的"线型"项，如图 4-102 所示。

步骤 02 弹出"选择线型"对话框，单击"加载"按钮，如图 4-103 所示。

步骤 03 弹出"加载或重载线型"对话框，选择一种虚线类型，如图 4-104 所示。

步骤 04 单击"确定"按钮，返回"选择线型"对话框，选择刚加载的虚线后，单击"确定"按钮，如图 4-105 所示。

步骤 05 执行操作后，即可查看修改后的线型样式，如图 4-106 所示。

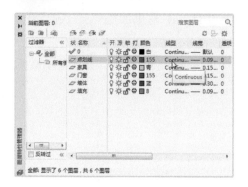

图 4-102 单击"线型"项

图 4-103 单击"加载"按钮

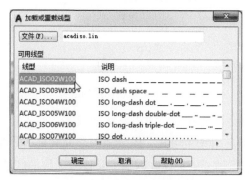

图 4-104 选择一种虚线类型

图 4-105 选择刚加载的虚线

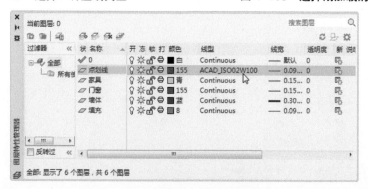

图 4-106 查看修改后的线型样式

4.5.7　将要绘制的图层置为当前层

图层创建完成后，如果需要在某个图层上绘制具有该图层特性的对象，应该将该图层设置为当前图层。下面介绍将"点划线"图层置为当前图层的操作方法，并在图层上绘制相应的图形对象，具体步骤如下。

步骤 01　在"图层特性管理器"面板中选择"点划线"图层，在面板上方单击"置为当前"按钮，如图 4-107 所示。

步骤 02　执行操作后，即可将"点划线"图层置为当前图层，被置为当前图层的名称前面会显示一个绿色的对勾符号，如图 4-108 所示。

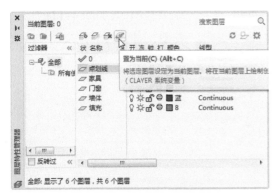

图 4-107　单击"置为当前"按钮

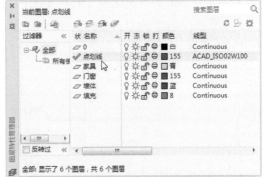

图 4-108　将选择的图层置为当前层

▶ **专家指点**

在"图层特性管理器"面板中按【Alt ＋ C】组合键，也可以快速将选择的图层置为当前图层。

步骤 03　关闭"图层特性管理器"面板，在绘图区中输入 REC（矩形）命令，如图 4-109 所示，按【空格】键确认。

步骤 04　在绘图区中绘制一个矩形，即可看到该矩形是按"点划线"图层的相关属性进行绘制的，如线型、颜色等，效果如图 4-110 所示。

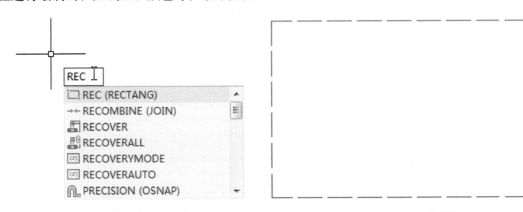

图 4-109　输入 REC（矩形）命令　　　　　图 4-110　绘制一个矩形

> ▶ 专家指点
>
> 在"图层特性管理器"面板中选择需要置为当前层的图层，在图层名称上双击，也可以快速置为当前层。

4.5.8　设置线型的全局比例因子

在 AutoCAD 2020 中，可以设置图形中的线型比例，从而改变非连续线型的外观。"全局比例因子"的数值越大，显得越稀疏；数值越小，显得越密集。下面介绍设置线型全局比例因子的方法，具体步骤如下。

步骤 01 单击快速访问工具栏中的"打开"按钮，打开一幅素材图形，如图 4-111 所示。

步骤 02 在"默认"选项卡的"特性"面板中单击"线型"右侧的下拉按钮，在弹出的列表中选择"其他"选项，如图 4-112 所示。

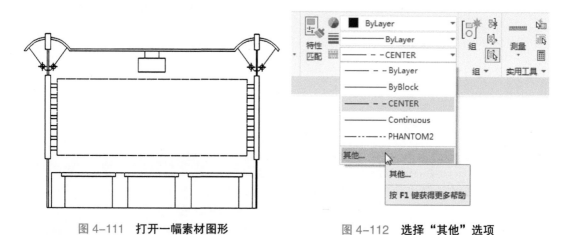

图 4-111　打开一幅素材图形

图 4-112　选择"其他"选项

步骤 03 弹出"线型管理器"对话框，在列表框中选择 CENTER 线型，在下方设置"全局比例因子"为 10，如图 4-113 所示。

步骤 04 设置完成后，单击"确定"按钮，即可更改线型的显示效果，如图 4-114 所示。

图 4-113　设置"全局比例因子"为 10

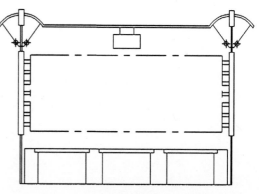

图 4-114　更改线型的显示效果

4.5.9 通过线型比例调整线型样式

上一节是通过"全局比例因子"数值框来调整线型的显示效果,除了这个功能可以调整线型以外,还可以通过"线型比例"数值框来调整线型,具体步骤如下。

步骤 01 单击快速访问工具栏中的"打开"按钮,打开一幅素材图形,如图 4-115 所示。

步骤 02 在绘图区中选择需要设置线型比例的多段线,单击鼠标右键,在弹出的快捷菜单中选择"特性"命令,如图 4-116 所示。

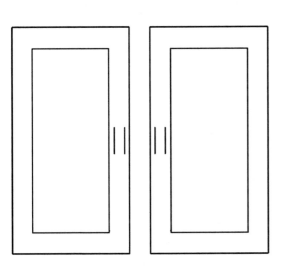

图 4-115　**打开一幅素材图形**

图 4-116　**选择"特性"命令**

步骤 03 弹出"特性"面板,在"线型比例"数值框中输入 30,调整比例大小,如图 4-117 所示。

步骤 04 执行操作后,即可更改绘图区中图形的线型比例大小,效果如图 4-118 所示。

图 4-117　**在数值框中输入 30**

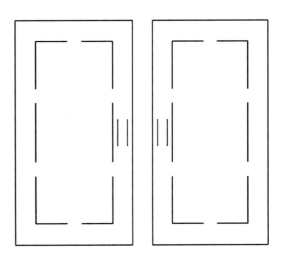

图 4-118　**更改图形的线型比例大小**

4.5.10 掌握隐藏、冻结与锁定功能

默认情况下，图层都处于显示状态，在该状态下图层中的所有图形对象将显示在绘图区中，用户可以对其进行编辑操作，将其关闭后，该图层上的图形不再显示在绘图区中，也不能被编辑和打印输出。下面介绍图层的隐藏、冻结与锁定操作。

1. 隐藏与显示图层

在 AutoCAD 2020 中绘制图形时，可以根据需要对图层进行隐藏与显示操作。

步骤 01　单击快速访问工具栏中的"打开"按钮，打开一幅素材图形，如图 4-119 所示。

步骤 02　输入 LA（图层）命令，按【空格】键确认，打开"图层特性管理器"面板，单击"洗衣机"右侧"开"一列中的灯泡图标 💡，如图 4-120 所示。

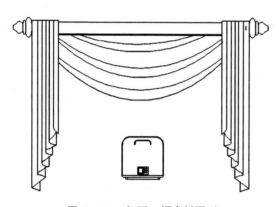

图 4-119　打开一幅素材图形　　　　　　　　图 4-120　单击灯泡图标

步骤 03　弹出提示信息框，选择"关闭当前图层"选项，如图 4-121 所示。

步骤 04　执行操作后，即可隐藏"洗衣机"图层，在绘图区中对应的图形也将被隐藏，效果如图 4-122 所示。再次单击"洗衣机"右侧"开"一列中的灯泡图标 💡，即可显示图层。

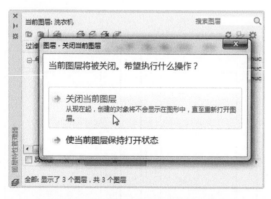

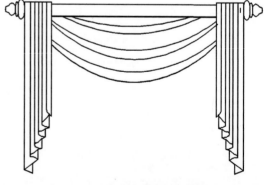

图 4-121　选择"关闭当前图层"选项　　　　　图 4-122　隐藏"洗衣机"图层

▶ 专家指点

在 AutoCAD 2020 中隐藏图层之后，输入 LAYON（显示图层）命令，即可显示所有被隐藏的图层对象。

2. 冻结与解冻图层

冻结图层有利用减少系统重生成图形的时间。冻结的图层不参与重生成计算，且不显示在绘图区中，用户不能对其进行编辑，有隐藏图层的特性，具体操作步骤如下。

步骤 01 单击快速访问工具栏中的"打开"按钮，打开一幅素材图形，如图 4-123 所示。

步骤 02 输入 LA（图层）命令，按【空格】键确认，打开"图层特性管理器"面板，单击"酒瓶"右侧"冻结"一列中的太阳图标☀，如图 4-124 所示。

图 4-123　打开一幅素材图形

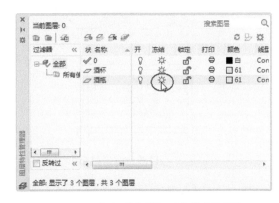

图 4-124　单击"冻结"列中的太阳图标

> ▶ **专家指点**
>
> 　　在命令行中输入 LAYFRZ（冻结）命令，按【空格】键确认，选择绘图区中需要冻结的图层对象，即可将图层进行冻结，该操作不能冻结当前图层对象。

步骤 03 执行操作后，此时太阳图标变成了雪花图标❄，如图 4-125 所示。

步骤 04 在绘图区中，与该图层对应的图形对象也将被隐藏起来，效果如图 4-126 所示。再次单击该雪花图标，即可解冻图层，显示图形对象。

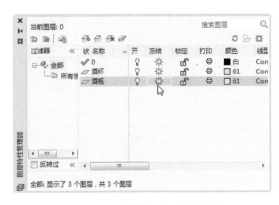

图 4-125　图标变成了雪花图标

图 4-126　被冻结的图形将被隐藏

3. 锁定与解锁图层

在 AutoCAD 2020 中，图层被锁定后，该图层的图形仍显示在绘图区中，但不能对其进行编辑操作，锁定图层有利于对较复杂的图形进行编辑。下面介绍锁定与解锁图层的方法。

步骤 **01** 单击快速访问工具栏中的"打开"按钮，打开一幅素材图形，如图 4-127 所示。

步骤 **02** 输入 LA（图层）命令，按【空格】键确认，打开"图层特性管理器"面板，单击"茶几"右侧"锁定"列中的开锁图标🔓，如图 4-128 所示。

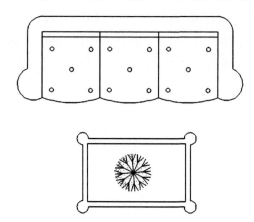

图 4-127 打开一幅素材图形

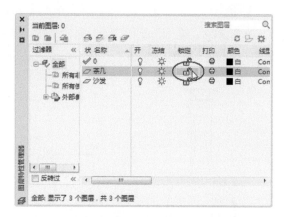

图 4-128 单击"锁定"列中的开锁图标

▶ **专家指点**

在命令行中输入 LAYLCK（锁定）命令，按【空格】键确认，选择绘图区中需要锁定的图层对象，即可将图层进行锁定。

步骤 **03** 执行操作后，开锁图标🔓将变成锁定图标🔒，如图 4-129 所示，表示"茶几"图层已被锁定。

步骤 **04** 绘图区中对应的图形对象也将被锁定起来了，被锁定后的图形以淡色显示，将鼠标移至图形对象上，将显示一把锁的提示，如图 4-130 所示。

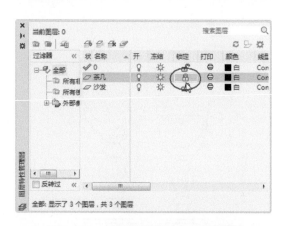

图 4-129 开锁图标将变成了锁定图标

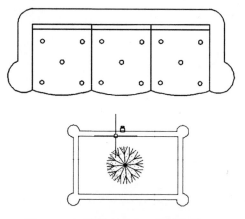

图 4-130 图形上显示一把锁的提示

4.5.11 通过匹配图层功能匹配素材

"图层匹配"功能可以将选定图形对象的图层更改为与目标图层相匹配，包括线型、颜色等属性。下面介绍匹配图层的方法，具体步骤如下。

步骤 **01** 单击快速访问工具栏中的"打开"按钮，打开一幅素材图形，如图 4–131 所示。

步骤 **02** 在绘图区中输入 MA（匹配图层）命令，如图 4–132 所示，按【空格】键确认。

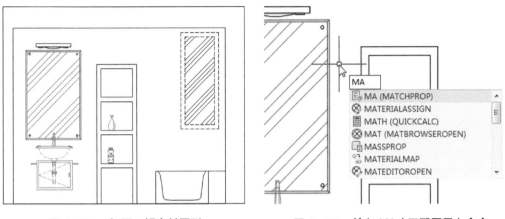

图 4–131　**打开一幅素材图形**　　　　　图 4–132　**输入 MA（匹配图层）命令**

> ▶ **专家指点**
>
> 　　在"默认"选项卡的"图层"面板中单击"匹配图层"按钮，也可以进行匹配图层操作，只是这里在操作上与 MA（匹配图层）命令有些区别，需要先选择要更改的图形，按【空格】键确认，再选择目标图形，在图形的操作上刚好与 MA 命令相反。

步骤 **03** 在绘图区中选择源对象，就是目标效果图层中的图形，如图 4–133 所示。

步骤 **04** 捕捉源对象后，将鼠标移至需要调整的线段上，此时鼠标所在位置的线段即可更改为目标对象中的线段类型，在线段上单击，即可匹配图层，更改图层的线型与颜色属性，效果如图 4–134 所示。

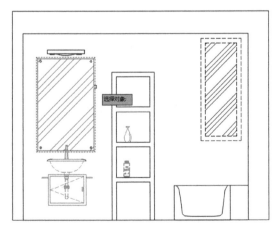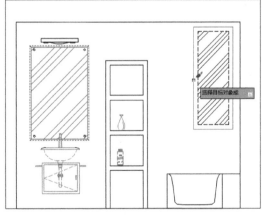

图 4–133　**在绘图区中选择源对象**　　　　图 4–134　**将鼠标移至需要调整的线段上**

169

步骤 05 用与上述同样的方法，在其他线段上单击或者通过鼠标拖曳的方式框选图形，即可更改其他线段的图层属性，更改后的图形效果如图 4–135 所示。

图 4–135 更改其他线段的图层属性

第 **5** 章
CAD 全套室内设计实战案例

　　本章主要介绍 CAD 全套室内设计的图纸设计，包括图层的新建、原始结构图的绘制、门窗的绘制、标注及注释说明、量房的技巧、墙体的拆建、平面布置图的设计、地面铺装图的设计、吊顶造型的绘制、顶面灯具的设计及开关布置图的设计等，希望大家学完本章以后，可以举一反三，设计出更多全套 CAD 室内设计图纸。

- ● 图层及标注设置
- ● 墙体的拆除与新建
- ● 平面布置图设计
- ● 地面铺装图设计
- ● 顶面灯具绘制
- ● 吊顶材料及尺寸绘制
- ● 开关布置图的设计
- ● 家装强弱电插座设计

扫描二维码观看本章教学视频

5.1 CAD 布局画法的原理与要点

在讲解 CAD 布局画法的原理与要点之前，首先需要在 AutoCAD 2020 中安装一个小插件——"源泉设计"，可以在相应的官网中下载并安装，在后面的绘图中会详细介绍其用法。安装好插件之后，接下来学习 CAD 布局画法的原理知识。

5.1.1 CAD 布局画法的原理

很多初学者可能是第一次听说 CAD 的布局画法，它的原理是什么呢？CAD 的布局画法是指在模型空间按图层绘制与修改好底图，然后在布局空间设定好 A3 的图框，创建布局窗口，添加标识说明（含文字、标注、图例等），如图 5-1 所示。

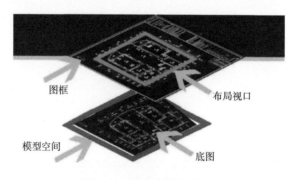

图 5-1　CAD 的布局画法

一般情况下，在 CAD 中都是在模型空间绘图的，现在学布局画法，就要把这个观念转变过来。在布局画法的过程中，模型空间只是用来保存 CAD 底图的。底图是在模型空间中对当前的图纸进行编辑，等绘制好之后，将图纸保存起来。下面通过一个实例介绍具体的操作方法。

如图 5-2 所示，绘制的洗手池就是模型空间中绘制的 CAD 底图。底图绘制完成后，在布局空间设置好 A3 的图框。一般来说，家装的施工图都是以 A3 的图框为主，在界面左下角单击"布局 1"标签，切换至"布局 1"界面，可以看到绘图窗口中有一个矩形框的图形，如图 5-3 所示，选择这个图形，输入 E（删除）命令，按【空格】键确认删除。

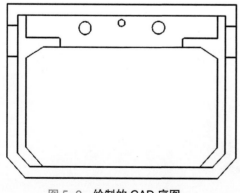

图 5-2　绘制的 CAD 底图

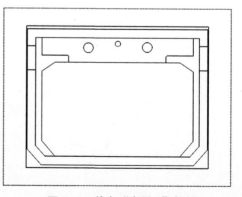

图 5-3　单击"布局 1"标签

输入 REC（矩形）命令并确认，绘制一个长度为 420、宽度为 297 的 A3 图框，如图 5-4 所示。接下来创建布局窗口，输入 MV（创建视口）命令并确认，在 A3 图框上像画矩形一样画一个窗口，此时模型空间的底图立马出现在窗口内，如图 5-5 所示。

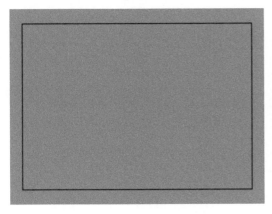

图 5-4　绘制一个 A3 的图框

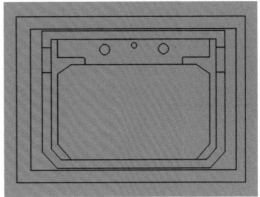

图 5-5　创建布局窗口

通过这个实例的讲解，大家现在应该明白布局画法的原理了，就是在布局窗口中开一个口子，来观看模型空间中的底图。如何在创建的布局窗口中编辑模型空间中的 CAD 底图呢？方法很简单，只需要在视口中双击，即可进入图形编辑状态，如图 5-6 所示。

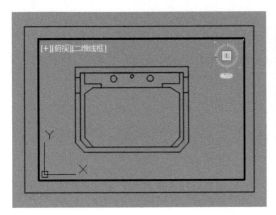
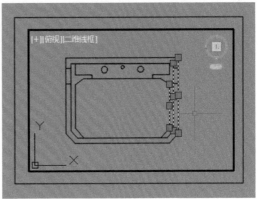

图 5-6　在布局窗口中编辑模型空间中的 CAD 底图

5.1.2　CAD 布局画法的要点

CAD 布局画法的要点有如下两个：

第一，根据实际需要设置规划好图层。

第二，模型空间和布局空间各绘制内容：在模型空间以实际绘制为主（尤其绘制中涉及尺寸的图形），在布局空间以标识说明为主（如文字、标注、图例等）。

以图 5-6 为例，如果要退出模型空间的编辑状态，只需要在布局视口的外面双击即可，然后在布局空间中可以绘制尺寸线，如图 5-7 所示；可以绘制相应的文字内容，如图 5-8 所示。在布局空间中绘制的尺寸线与文字内容，在模型空间中是看不见的。

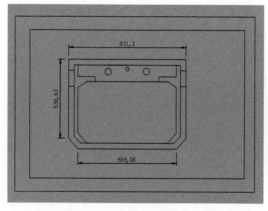

图 5-7　绘制尺寸线

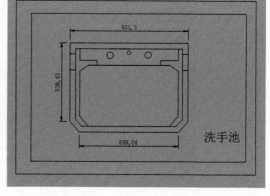

图 5-8　绘制文字内容

5.1.3　CAD 布局画法的优势

为什么笔者要主推布局的画法，它有哪些优势呢？如下：

第一，使图纸更加规范。在布局窗口中，绘制的标注与文字都是统一的大小，都是 1：1 的比例，所以显得更加规范。

第二，使图纸的绘制和修改更快。模型空间主要是用来绘制图形的，如在布局空间标注尺寸的过程中，如果发现底图上的图形尺寸绘制错误，此时只需要在视口中双击，重新修改模型空间的底图即可，这样布局空间所有的图形都改过来了，使绘图效率更高。

第三，多人协同工作更加方便。布局画法拥有图纸集，所以，它支持多人协同工作，使图纸的管理更加方便。

第四，使计算机的运行速度更快。因为布局空间只有一个底图，在进行复制的时候不像模型空间中需要进行多次复制，所以，在布局空间中绘图可以使计算机的运行速度更快。

5.2　家装施工图的主要内容

在绘制家装施工图时，首先要考虑它的目的性。施工图就是为了施工而服务的图纸。设计师根据客户对图纸的要求不同，所设计的施工图的内容也会有所不同，大体包含以下 4 个基本内容：

（1）图纸说明：包括图纸封面、图纸目录、设计说明、施工说明、材料说明、图例说明等内容。

（2）平面图纸：包括原始结构图（量房）、机电（排水）图、墙体拆建图、平面布置图、家具布置（尺寸）图、地面铺装图、顶面布置（尺寸）图、开关布置图、插座布置图及水位示意图等内容。

（3）立面图纸：包括各房间全角度立面图。

（4）剖面 / 节点 / 大样图：设计师对施工、结构的设计表达语言。

5.3　图层及标注设置

本章主要介绍 CAD 全套室内设计的案例，涉及的图层会很多，主要包括 6 大类别——原建筑、墙体拆建、平面布置、顶面布置、地面铺装及布局 / 图框，下面具体讲解图层的相关分类，以及新建图层的操作等内容。

5.3.1　室内设计图层的相关分类

在室内设计中，一般情况下，具体的图层名称及分类如下所示，可作为参考。

原建筑图层分类

【0- 建筑墙　白　0.3 厚】

【0- 建筑门　134】

【0- 建筑原窗户　黄色】

【0- 墙柱填充　251】

【0- 梁　30　虚线】

【0- 其他（管道 / 烟道 / 空气开关 / 对讲门铃等）　155】

墙体拆建图层分类

【1- 拆除墙体　红色】

【1- 拆除填充　251】

【1- 新建墙体　白色】

【1- 新建填充　251　0.15 厚】

【1- 墙体拆建其他　白色】

平面布置图层分类

【2- 平面门　134】

【2- 固定家具　53】

【2- 固定到顶家具　53】

【2- 模型家具（灯具 / 植物 / 窗帘）　53】

【2- 装饰到顶完成面　150】

【2- 平面布置其他　155】

顶面布置图层分类

【3- 顶面造型　青色】

【3- 门洞连接线　155】

【3- 顶面灯　红】

【3- 顶面灯带　30】

【3- 顶面其他　155】

地面铺装图层分类

【5- 地面造型　22】

【5- 地面填充　251　0.15 厚】

【5- 地面其他　155】

布局 / 图框图层分类

【5- 视口　不打印　251】

【5- 标注　155】

【5- 注释及图例　40】

【5- 图名文字　黄色】

【5- 图框文字　40】

【5- 图外框　青色】

【5- 图框灰色　251】

【5- 其他　155】

【标识说明 文字：SUPEROS.SHX　图名文字：黑体】

5.3.2　新建图层并设置颜色与线型

上一章介绍了图层的一些基本操作方法，包括新建、重命名及线型设置等，按照上一章的操作技巧，以及前面讲解的图层分类，我们在"图层特性管理器"面板中新建好需要的相关图层。

以 0 开头的图层分类如图 5-9 所示。

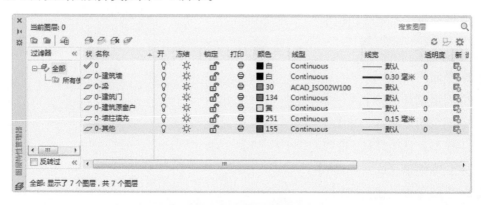

图 5-9　以 0 开头的图层分类

▶ 专家指点

按照 AutoCAD 的图层排列顺序，一般图层是以 01、02、03、04 这样的命名顺序排列的，如果遇到名为 010 的图层名称，则会自动排列在 02 的前面，这显然不符合我们的操作顺序，因此上面列出来的图层名称前面都加上了 0-、1-、2-，这样就会自动按正确的顺序排列图层了，方便我们对图层进行管理。

用与上述同样的方法新建其他相关图层，如图 5-10 所示。

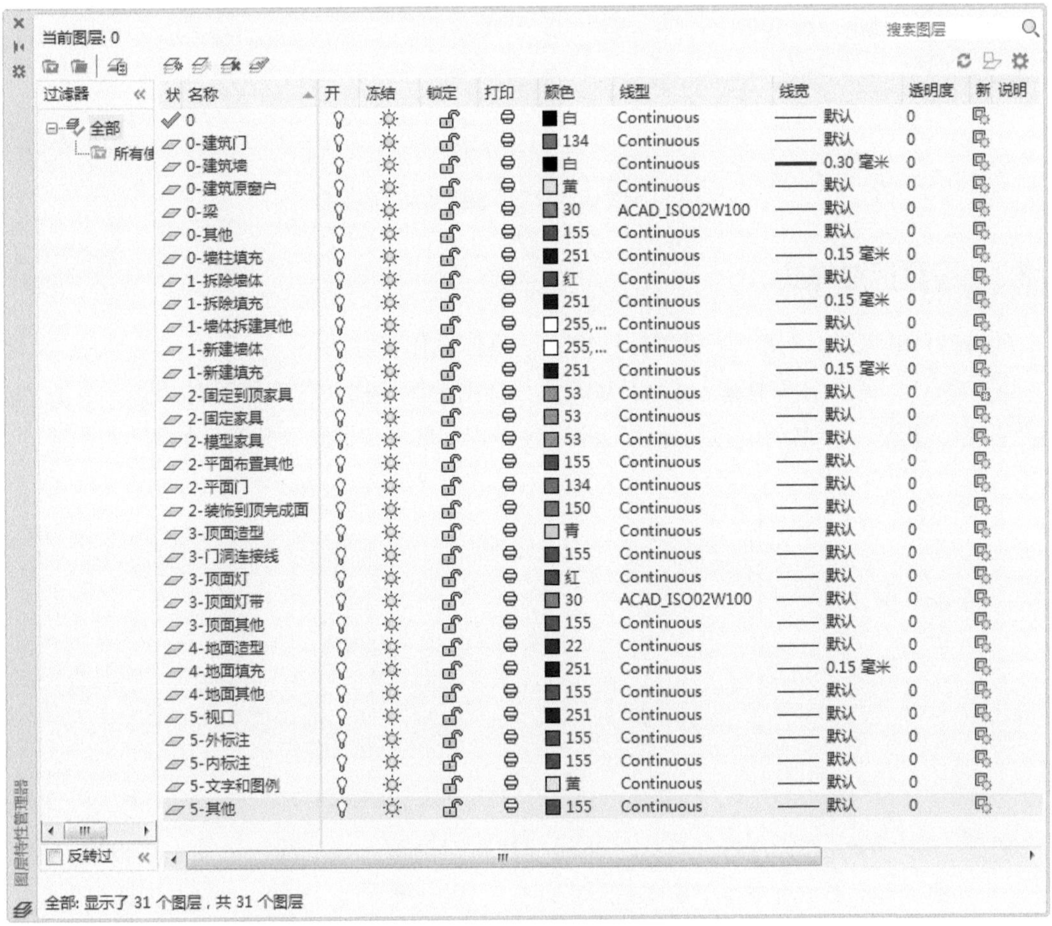

图 5-10　**新建其他相关图层**

新建好 5 个系列的相关图层后，有几个大的原则需要讲解一下。

第一，关于墙体线。一般来说，墙体线的设置会比默认的 0.25 要粗一点。

第二，关于填充图层。一般来说，填充图层的线型要设置得细一点，这样打印出来才好看一点，与其他的主体结构也能形成明显的区别。

第三，关于颜色的设置。图层的颜色不宜设置过多，就像我们穿衣服一样，颜色太多容易眼花缭乱，颜色的设置主要以需要突出的亮色为主，如文字、图例、顶面造型等，这些都以亮色为主；而另外一些不太重要的线型，如其他图层（管道、烟道、空气开关）等，这些图层的颜色就可以设置得浅一点、灰一点，使其不太明显。

第四，"视口"图层是不需要打印的。我们需要将打印功能关闭一下，只需要在"打印"图层上单击，显示一个红色禁止符号后，即表示打印功能已关闭，如图 5-11 所示。

第五，特殊线型的设置。在一些顶面的灯带、梁图层上，需要将线型改成虚线的样式，这里使用的是 2 号虚线。

以上是关于图层的相关设置原则与技巧。

▱ 4-地面造型	♀	☼	🔓	🖨	■ 22	Continuous	—— 默认	0	🖳
▱ 4-地面填充	♀	☼	🔓	🖨	■ 251	Continuous	—— 0.15 毫米	0	🖳
▱ 4-地面其他	♀	☼	🔓	🖨	■ 155	Continuous	—— 默认	0	🖳
▱ 5-视口	♀	☼	🔓	🖨	■ 251	Continuous	—— 默认	0	🖳
▱ 5-外标注	♀	☼	🔓	🖨	■ 155	Continuous	—— 默认	0	🖳
▱ 5-内标注	♀	☼	🔓	🖨	■ 155	Continuous	—— 默认	0	🖳
▱ 5-文字和图例	♀	☼	🔓	🖨	□ 黄	Continuous	—— 默认	0	🖳
▱ 5-其他	♀	☼	🔓	🖨	■ 155	Continuous	—— 默认	0	🖳

图 5-11　关闭"视口"图层的打印功能

5.3.3　设置标注样式

设置好图层之后，接下来设置标注样式，具体操作步骤如下：

步骤 01　在绘图区中输入【D】并确认，弹出"标注样式管理器"对话框，单击"新建"按钮，新建一个名为"布局标注"的标注样式，单击"继续"按钮，如图 5-12 所示。

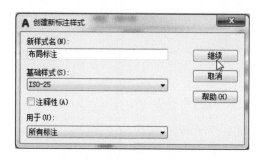

图 5-12　新建一个名为"布局标注"的标注样式

步骤 02　弹出"新建标注样式：布局标注"对话框，在"线"选项卡中设置尺寸线与尺寸界线的颜色均为 155、"基线间距"为 5、"超出尺寸线"为 2、"起点偏移量"为 3；选择"固定长度的尺寸界线"复选框，设置"长度"为 5，如图 5-13 所示。

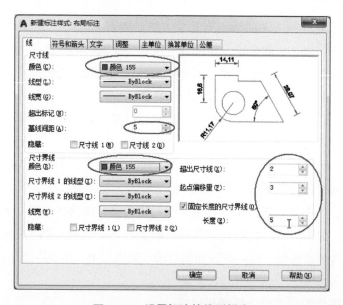

图 5-13　设置标注的线型样式

步骤 03 切换至"符号和箭头"选项卡，设置"箭头"为"建筑标记""箭头大小"为 1，如图 5-14 所示。

步骤 04 切换至"文字"选项卡，设置"文字颜色"为黄色、"文字高度"为 3，如图 5-15 所示。

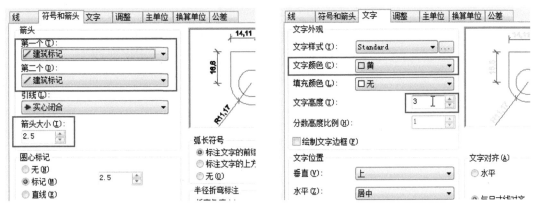

图 5-14　设置符号和箭头选项　　　　图 5-15　设置标注文字样式

步骤 05 切换至"调整"选项卡，选择"文字始终保持在尺寸界线之间"单选按钮，如图 5-16 所示。

步骤 06 切换至"主单位"选项卡，设置"精度"为 0、"舍入"为 5，如图 5-17 所示。设置完成后，单击"确定"按钮，返回"标注样式管理器"对话框，将"布局标注"置为当前标注，单击"关闭"按钮，退出对话框，完成标注样式的设置。

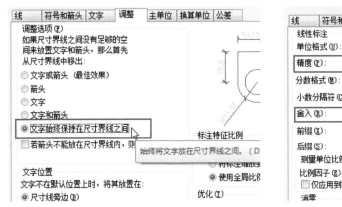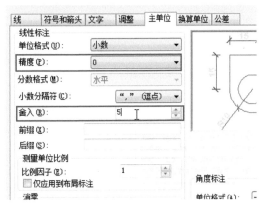

图 5-16　调整标注文字的位置　　　　图 5-17　设置主单位相关参数

5.3.4　设置引线样式

5.1 节讲过一个"源泉设计"插件，关于引线的设置，可以应用"源泉设计"插件中的功能来操作。先设置引线样式的箭头，具体操作步骤如下：

步骤 01 在菜单栏中选择"源泉设计"|"索引标题"|"箭头引线"命令，如图 5-18 所示。

步骤 02 弹出"设置图纸比例"对话框,在"预设比例"列表框中选择 1 ：1 选项,如图 5-19 所示,单击"确定"按钮。

图 5-18　选择"箭头引线"命令

图 5-19　在列表框中选择 1：1 选项

步骤 03 此时,发现图层面板中多了一个引线设置的图层,在面板中选择该图层,单击鼠标右键,在弹出的快捷菜单中选择"将选定图层合并到"命令,如图 5-20 所示。

步骤 04 弹出"合并到图层"对话框,将该图层合并到"文字和图例"图层中,如图 5-21 所示,单击"确定"按钮,即可将多余的图层进行合并操作。

图 5-20　选择"将选定图层合并到"选项

图 5-21　合并到"文字和图例"图层

步骤 05 在"图层设置"对话框中还可以进行相关设置,在"图层特性管理器"面板中单击右上角的"设置"按钮,弹出"图层设置"对话框,在其中选择"新图层通知"复选框,在下方设置相应选项,如图 5-22 所示,这样每次导入新图层时,AutoCAD 都会弹出通知信息提示用户。

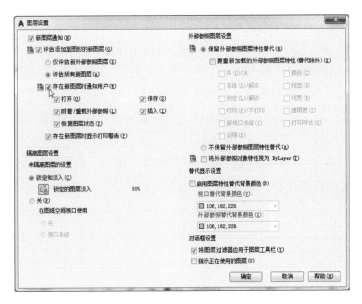

图 5-22　弹出"图层设置"对话框

5.4　原始结构图墙体绘制

在 AutoCAD 2020 中，创建好图层并设置好标注样式后，接下来开始绘制原始结构图的墙体，具体操作步骤如下。

步骤 01　将"0- 建筑墙"图层置为当前图层，按【F8】键开启正交功能，输入 L（直线）命令并确认，绘制一条长度为 10000 的垂直线；输入 O（偏移）命令并确认，设置偏移距离为 240，将垂直线向右进行偏移操作，如图 5-23 所示。

步骤 02　继续执行 O（偏移）命令并确认，将垂直线依次向右偏移 1260、240、3600、240、3760、240、3060、240，偏移后的图形如图 5-24 所示。

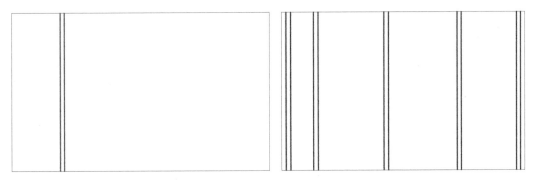

图 5-23　绘制一条垂直线并偏移　　　　图 5-24　将垂直线依次向右偏移

步骤 03　输入 L（直线）命令并确认，绘制一条直线，连接两侧垂直直线的端点，如图 5-25 所示。

步骤 04　执行 O（偏移）命令并确认，将水平直线向下偏移 240，如图 5-26 所示。

步骤 05 在刚才偏移的直线上绘制一根重线，然后对重线进行偏移操作，偏移距离为 3710，如图 5-27 所示，画重线的目的是减少后面的修剪工作。

步骤 06 继续执行 O（偏移）命令并确认，将较短的水平线依次向下偏移 140、1710、240、1760、240，然后通过延伸的方式延伸最下方偏移的直线，如图 5-28 所示。

步骤 07 执行 TR（修剪）命令并确认，选择最下方延伸的直线，按【空格】键确认，然后修剪直线下方的线段，如图 5-29 所示。

步骤 08 在上方画一根重复线，执行 O（偏移）命令，向下偏移 3600，然后执行 TR（修剪）命令，进行修剪操作，如图 5-30 所示。

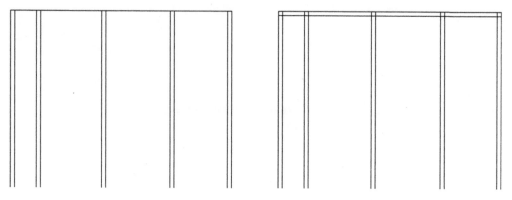

图 5-25　绘制一条直线　　　　　　　　图 5-26　将水平直线向下偏移 240

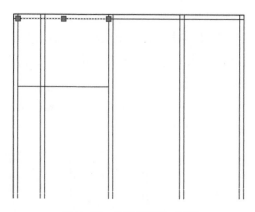
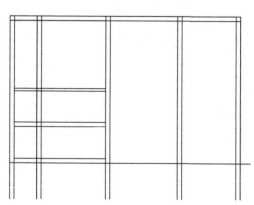

图 5-27　偏移距离为 3710　　　　　　　图 5-28　偏移并延伸直线段

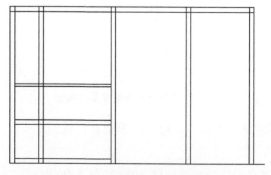
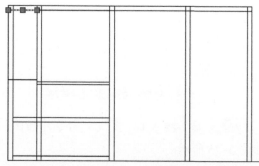

图 5-29　修剪直线下方的线段　　　　　　图 5-30　偏移并修剪直线线段

步骤 09 继续执行 TR（修剪）和删除命令，对墙体进行修剪与删除操作，如图 5-31 所示。

步骤 10 执行 O（偏移）命令，向下偏移 240；执行 L（直线）命令，在最左侧绘制一个高度为 120 的墙体；执行 TR（修剪）命令，进行修剪操作，效果如图 5-32 所示。

步骤 11 执行 O（偏移）命令，将左侧的直线向右依次偏移 2350、140，如图 5-33 所示。

步骤 12 执行 TR（修剪）命令，对厨房的墙体进行修剪操作，效果如图 5-34 所示。

步骤 13 接下来绘制房间右侧的门。执行 L（直线）命令，捕捉下方相应端点，向上绘制 720 的直线，再向右绘制 240 并确认，然后将绘制的直线向上偏移 800，执行 TR（修剪）命令，进行修剪，效果如图 5-35 所示。

步骤 14 接下来绘制主卫的门。执行 L（直线）命令，捕捉上方相应端点，向下绘制 120 的直线，再向右绘制 140 并确认，然后将绘制的直线向下偏移 750，执行 TR（修剪）命令，进行修剪，效果如图 5-36 所示。

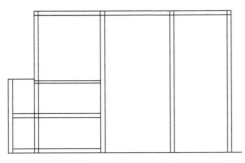

图 5-31　**对墙体进行修剪与删除操作**

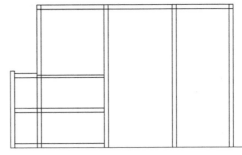

图 5-32　**偏移、绘制、修剪直线**

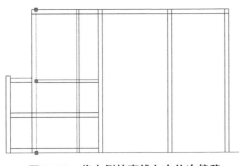

图 5-33　**将左侧的直线向右依次偏移**

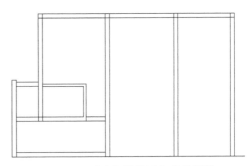

图 5-34　**对房间墙体进行修剪操作**

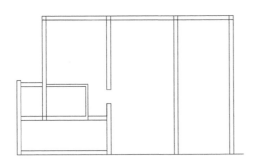

图 5-35　**绘制房间右侧的门**

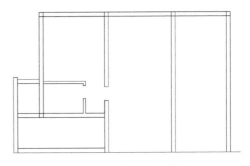

图 5-36　**绘制主卫的门**

步骤 15 接下来绘制主卫左侧的窗户，先给左侧窗户留个洞。执行 L（直线）命令捕捉上方相应端点，向下绘制 120 的直线，再向左绘制 240 并确认；继续执行 L（直线）命令捕捉下方相应端点，向上绘制 750 的直线，再向左绘制 240 并确认；执行 TR（修剪）命令进行修剪，将下方的墙体线延长，效果如图 5-37 所示。这样，主卫窗户 O 就绘制好了。

步骤 16 将左侧垂直线向右偏移 3060；执行 L（直线）命令捕捉下方端点，向上绘制 2720 的高度，然后向右延长至与下方墙体线对齐；执行 O（偏移）命令，将延长线向上偏移 940；执行 TR（修剪）命令进行修剪。房间过道做出来，这样两间房就隔开了，如图 5-38 所示。

步骤 17 选择右下角的 4 条线段，按【Delete】键删除，如图 5-39 所示。

步骤 18 执行 O（偏移）命令，将右下方的垂直线依次向右偏移 240、1860、240，效果如图 5-40 所示，240 是指墙体的厚度。

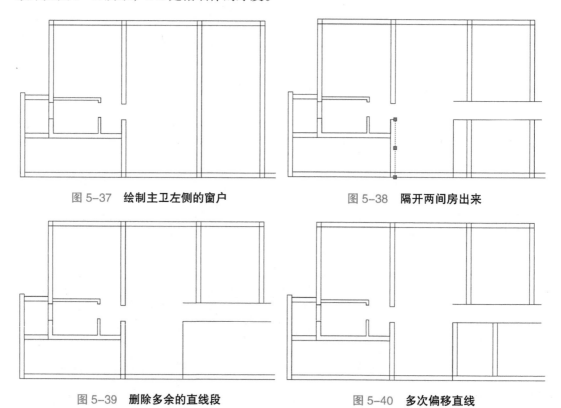

图 5-37　绘制主卫左侧的窗户　　　　　图 5-38　隔开两间房出来

图 5-39　删除多余的直线段　　　　　图 5-40　多次偏移直线

步骤 19 执行 L（直线）命令，捕捉最后一根偏移的直线的下方端点，向右绘制一根长度为 3360 的直线，向上引导光标，绘制直线的高度为 4680，再向左引导光标，闭合图形；执行 O（偏移）命令，将窗户直线向下偏移 240 的墙体厚度，如图 5-41 所示。

步骤 20 执行 TR（修剪）命令，修剪多余线段；将最下方的两根墙体直线向右延长；执行 O（偏移）命令，将最右侧的墙体偏移 240，上方用直线连接合并，如图 5-42 所示。

步骤 21 执行 F（圆角）命令，对右下角的线段进行连接与修剪；执行 TR（修剪）

命令，修剪多余线段，效果如图 5-43 所示。

步骤 22 接下来处理卫生间的门。卫生间的门垛突出高度为 80，执行 L（直线）命令进行绘制，在对面也绘制出 80 高度的门垛，将卫生间的门增厚 140，在左侧也绘制出一个 120 的门垛，将门垛向右偏移 800；执行 TR（修剪）命令，修剪多余线段，效果如图 5-44 所示。

步骤 23 用与上述同样的方法，执行 O（偏移）命令，增厚对面门的厚度为 240；执行 L（直线）命令，制作门垛高度为 120；执行 TR（修剪）命令，修剪多余线段，如图 5-45 所示。进行到这一步时，房间的一个大的框架就出来了。

步骤 24 在左下角位置制作子母门。通过 L（直线）命令、O（偏移）命令、TR（修剪）命令，制作子母门，删除多余线条，如图 5-46 所示。

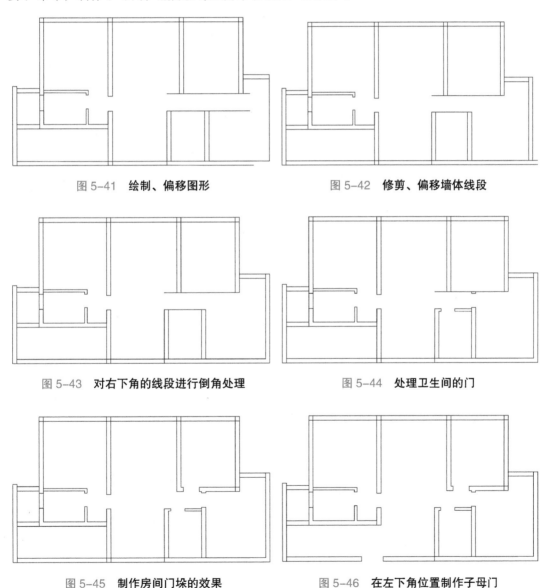

图 5-41　**绘制、偏移图形**　　　　　图 5-42　**修剪、偏移墙体线段**

图 5-43　**对右下角的线段进行倒角处理**　　　　图 5-44　**处理卫生间的门**

图 5-45　**制作房间门垛的效果**　　　　图 5-46　**在左下角位置制作子母门**

步骤 25 执行 TR（修剪）命令，修剪墙体的多余线段，效果如图 5-47 所示。

步骤 26 执行 O（偏移）命令，制作最上方的门垛。左侧门的偏移参数为 1120、880，将两侧直线向中间偏移；右侧门的偏移参数为 730、730，也是将两侧直线向中间偏移；然后执行 TR（修剪）命令，修剪多余的线段，效果如图 5-48 所示。

步骤 27 接下来绘制中间的两堵墙。执行 L（直线）命令，拾取左侧上方端点为起点，向下引导光标输入 600，向右引导光标输入 680，向下引导光盘输入 240，向左引导光标单击垂足点，制作左侧的一堵墙；执行 MI（镜像）命令，将左侧的墙镜向到右侧，如图 5-49 所示。

步骤 28 接下来绘制窗户。切换至"0- 建筑原窗户"图层，将图层颜色更改为蓝色，本书为了印刷更加清晰，将绘图区中的背景颜色更改为白色了，如果用黄色来标注窗户，颜色会有些不适应，因此这里将"0- 建筑原窗户"图层和"文字与图例"的图层由黄色更改为蓝色，如果大家用的是黑色背景，就不用改。

步骤 29 切换至"0- 建筑原窗户"图层后，执行 L（直线）命令，从左向右的直线高度依次是 450、400、1366、1379，两对直线中间距离为 120；然后在中间画一条直线，执行 MI（镜像）命令，对左侧绘制的 4 条直线进行镜像处理，然后对镜像的图形进行适当移动，如图 5-50 所示。

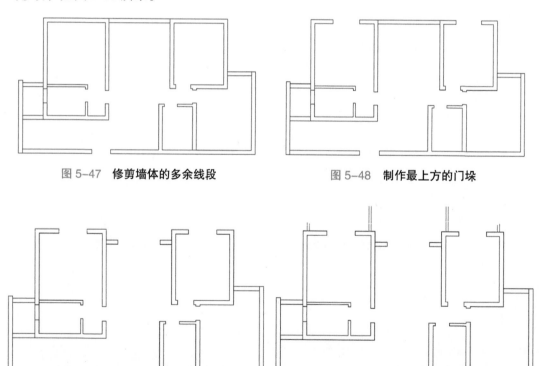

图 5-47 **修剪墙体的多余线段**　　　　图 5-48 **制作最上方的门垛**

图 5-49 **将左侧的墙镜向到右侧**　　　　图 5-50 **绘制窗户**

步骤 30 执行 A（圆弧）命令，连接 3 点绘制一条弧线，执行 O（偏移）命令，将弧线向上偏移 100，然后连接两侧的端点，完成窗户弧线的绘制，如图 5-51 所示。

步骤 31 执行 TR（修剪）和 E（删除）命令，最后完善墙体结构，效果如图 5-52 所示。

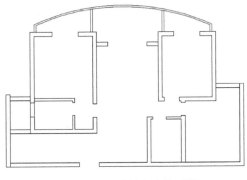

图 5-51　**绘制窗户的弧线**

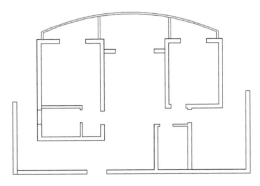

图 5-52　**完善墙体结构**

5.5　门窗快速绘制

绘制好墙体之后，接下来绘制门窗，这里需要用到一个插件：源泉设计，这个插件制作出来的门窗细节很到位，而且绘制速度也非常快，具体操作步骤如下。

步骤 01 切换至"0- 建筑原窗户"图层，在菜单栏中选择"源泉设计"丨"平面门窗"丨"两点画参数窗"命令，如图 5-53 所示。

步骤 02 根据命令行提示进行操作，先对窗户进行相关设置。这里输入 S 并确认，弹出"平面窗样式"对话框，选择"窗样式 1"样式，如图 5-54 所示，单击"确定"按钮。

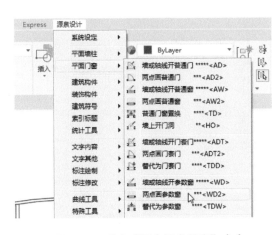

图 5-53　**单击"两点画参数窗"命令**

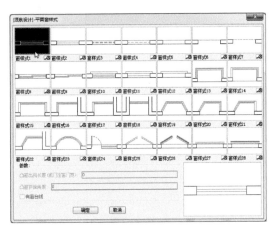

图 5-54　**选择"窗样式 1"样式**

步骤 03 输入 T 并确认，弹出"输入墙厚"对话框，设置墙厚为 240，如图 5-55 所示，单击"确定"按钮。

步骤 04 在墙体的相应位置拾取两条直线的中点，绘制窗户图形，效果如图 5-56 所示，这样窗户就绘制完成了。

步骤 05 接下来绘制门。切换至"0- 建筑门"图层，选择"源泉设计"丨"平面门

窗"|"两点画门套门"命令，根据命令行提示进行操作，输入 S（门套门选型）命令并确认，弹出"门套门样式"对话框，选择"门套门 15"样式，这是子母门，如图 5-57 所示。

步骤 06 单击"确定"按钮，输入 T（设置墙厚）并确认，弹出"输入墙厚"对话框，设置墙厚为 240，单击"确定"按钮；在墙体的相应位置拾取两条直线的中点，绘制子母门，效果如图 5-58 所示。

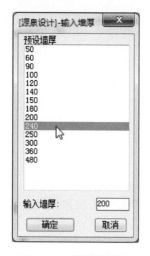

图 5-55　设置墙厚为 240

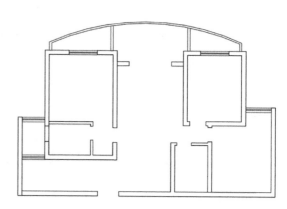

图 5-56　绘制窗户图形

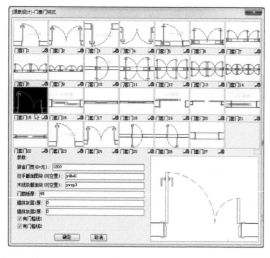

图 5-57　选择"门套门 15"样式

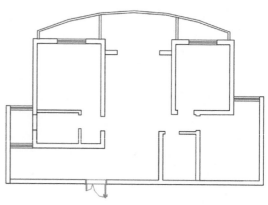

图 5-58　绘制子母门

步骤 07 执行 ADT2（两点画门套门）命令，根据命令行提示进行操作，输入 S（门套门选型）命令并确认，弹出"门套门样式"对话框，选择"门套门 22"样式，这是推拉门，单击"确定"按钮，在墙体的相应位置绘制推拉门，效果如图 5-59 所示。

步骤 08 接下来绘制梁。切换至"0-梁"图层，执行 L（直线）命令，捕捉中点，绘制一条直线，然后向上偏移 240 的厚度，并拉长直线；按【Ctrl + 1】组合键，设置虚线的"线型比例"为 20，使虚线线型更明显一点，效果如图 5-60 所示。

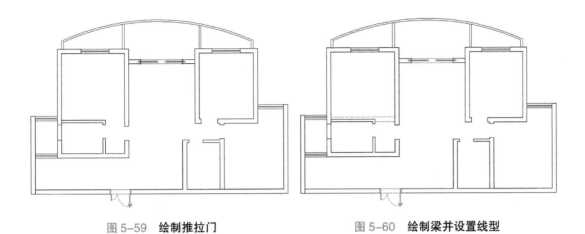

图 5-59　**绘制推拉门**　　　　　图 5-60　**绘制梁并设置线型**

步骤 09 用与上述同样的方法，在房间的其他位置绘制梁，并通过 MA（笔刷）命令复制线型样式，效果如图 5-61 所示。

步骤 10 接下来在结构图中标识地漏、强电箱、弱电箱、空气开关等，这些都需要标识出来。笔者提供了一组标识图形，大家也可以自行绘制。打开素材文件"5.5　图例说明素材 .dwg"，将图例说明复制并粘贴到墙体文件中，并适当放大，如图 5-62 所示。

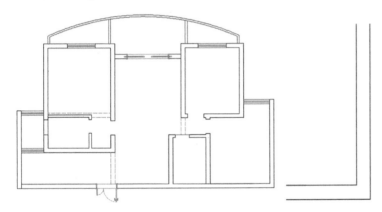

图例	说明
○	地面排水口
⊗	下水竖向主管道
▭	暖气
▭P	弱电箱
▭R	强电箱
○▭	燃气表
▭	分水器
▭	风机盘管

图 5-61　**在房间的其他位置绘制梁**　　　图 5-62　**复制粘贴图例说明**

步骤 11 大家可根据实际量房的情况在图纸中的相应位置进行标识，将上述图例单独复制到相应位置，也可以自行绘制，将图形放入"0- 其他"图层中，最终效果如图 5-63 所示。

步骤 12 接下来对墙体进行填充操作。切换至"0- 其他"图层，通过 L（直线）命令，在墙体中绘制相应的封闭区域，如图 5-64 所示。

步骤 13 切换至"0- 墙柱填充"图层，执行 H（图案填充）命令，在"图案填充创建"选项卡中设置"填充图案比例"为 3，设置"图案"类型为"混凝土"，单击左侧的"拾取点"按钮，如图 5-65 所示。

步骤 14 在图纸中的相应位置对墙体进行填充，效果如图 5-66 所示，主要用来区分承重墙与简易墙的区别。

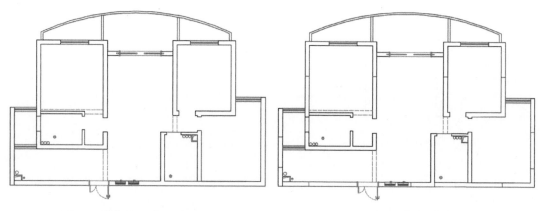

图 5-63　在图纸中的相应位置进行标识　　　　图 5-64　绘制相应的封闭区域

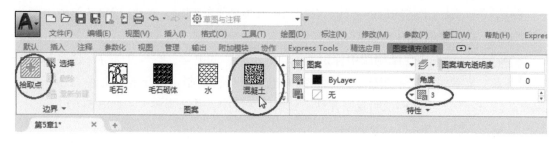

图 5-65　设置"图案填充"的相应选项

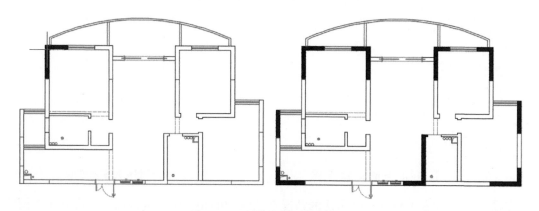

图 5-66　对墙体进行填充操作

5.6　标注及注释说明

上一节基本完成了模型空间的绘图工作。本节主要介绍如何在布局空间中对图纸进行尺寸标注，并进行相应的文字说明，具体操作步骤如下。

步骤 01　切换至布局空间，打开素材文件"5.6　布局空间 A3 图框 .dwg"，将布局空间中的 A3 图框复制并粘贴到正在编辑的窗口中，如图 5-67 所示。

步骤 02　执行 MV 命令并确认，在 A3 图框中绘制一个视口，此时模型空间的图形将显示在布局空间中，如图 5-68 所示，将绘制的视口方框移至"5- 视口"图层中，因为不需要打印。

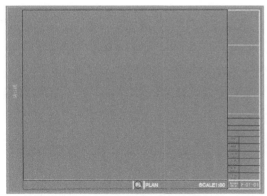

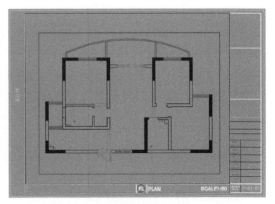

图 5-67　**打开素材并复制粘贴**　　　　图 5-68　**在 A3 图框中绘制一个视口**

步骤 03　在视口中双击，进入模型空间编辑状态，输入 Z（缩放）命令并确认，根据命令行提示输入 S（比例）并确认，输入 1/60，调整视口显示效果，然后在视口外双击，退出模型窗口，将视口方框进行缩小操作，如图 5-69 所示。

步骤 04　为了使视口的显示比例不再变动，需要将视口进行锁定。在视口方框上单击鼠标右键，在弹出的快捷菜单中选择"显示锁定"|"是"命令，锁定视口。这样操作之后，再双击进入模型窗口时，就不能再对窗口进行缩放操作了。

步骤 05　切换至"5-外标注"图层，执行 D（标注样式）命令并确认，将标注的全局比例修改为 1∶1，使用"线性"标注与"连续"标注对墙体进行标注，效果如图 5-70 所示。

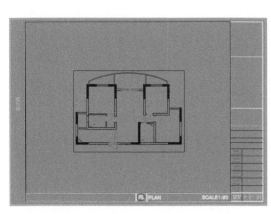

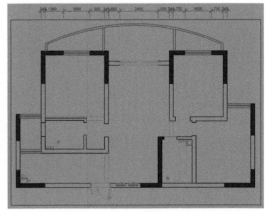

图 5-69　**将视口方框进行缩小操作**　　　图 5-70　**对墙体进行标注操作**

步骤 06　下面对墙体进行第二层标注，只针对墙体进行尺寸标注，如图 5-71 所示。

步骤 07　用与上述同样的方法在图纸中进行其他线性标注，效果如图 5-72 所示。

步骤 08　切换至"5-文字与图例"图层，输入 T（文字）命令并确认，在适当位置绘制文本框，设置"文字高度"为 3，"字体"为"楷体"，输入文字"主卧"，如图 5-73 所示。

步骤 09 执行 CO（复制）命令并确认，将"主卧"文字复制到其他位置，并更改文字的内容，效果如图 5-74 所示。

步骤 10 在菜单栏中选择"源泉设计"丨"建筑符号"丨"建筑标高"命令，在绘图区中的适当位置绘制建筑符号，修改数据内容，将符号移至"5- 文字与图例"图层，将颜色统一改成蓝色，设置缩放比例为 0.8，调小符号，效果如图 5-75 所示。

步骤 11 执行 CO（复制）命令并确认，将标高复制到图纸的其他位置，如图 5-76 所示。

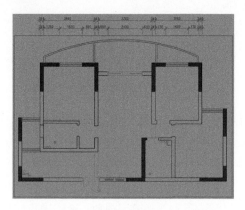

图 5-71 只针对墙体进行尺寸标注

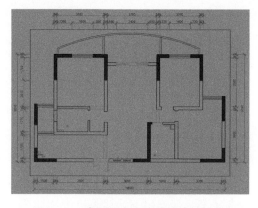

图 5-72 在图纸中进行其他线性标注

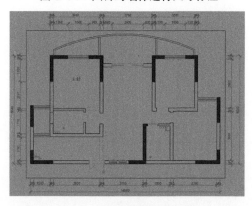

图 5-73 输入文字"主卧"

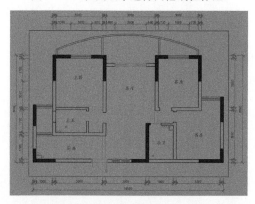

图 5-74 输入其他文字内容

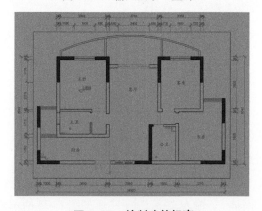

图 5-75 绘制建筑标高

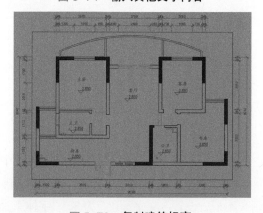

图 5-76 复制建筑标高

步骤 12 在菜单栏中选择"源泉设计"|"索引标题"|"箭头引线"命令，在绘图区中的相应位置标注引线说明，一个是梁的高度，一个是梁的宽度，如图 5-77 所示。

步骤 13 执行 CO（复制）命令，对刚才绘制的引线标注进行复制操作，然后用与上述同样的方法，在图纸其他位置绘制引线标注内容，效果如图 5-78 所示。

步骤 14 在"图层特性管理器"面板中将"5- 内标注"置为当前图层，如图 5-79 所示。

步骤 15 使用"线性标注"命令对图纸进行内标注，细化尺寸标注，效果如图 5-80 所示。至此，完成布局空间中标注及注释说明的操作，大家还可以根据所学知识完善图纸。

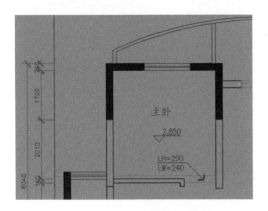

图 5-77　标注引线标记内容

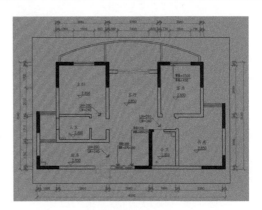

图 5-78　用同样的方法绘制其他引线

图 5-79　将"5- 内标注"置为当前图层

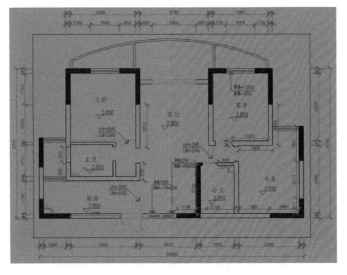

图 5-80　完成布局空间中标注及注释说明的操作

5.7 延伸内容之量房

量房是设计师进入毛坯房内测量房子的一个过程。量房的对象都是毛坯房，如图 5-81 所示。

图 5-81 **量房的对象都是毛坯房**

首先，要弄明白量房的意义在哪里，我们在量房的时候，有两个目的：

第一，与客户在现场进行初步沟通，包括对户型的改造建议、确定客户的装修风格、确定客户的装修预算及客户关心的装修点等，在量房的过程中都能达成一个基本意向。

第二，通过量房过程中的量房数值，便于精确地绘制图纸，以达到精确的设计、预算和施工的目的。

量房的具体步骤有 3 个，下面笔者进行具体说明。

第一步：进入毛坯房之后，先大体观察一下房间的布局和结构。

第二步：对房间的基本结构有一个记忆之后，开始绘制基本平面图，就是画一个基本的户型草图。

第三步：基本草图绘制完成后，开始填数据，通过测量并记录各精确数值。

熟悉量房的步骤之后，接下来介绍量房具体量哪些内容。

第一，精确尺寸。各房间长宽、层高、过道、门窗、梁。

第二，位置标识。各管道、强（弱）电箱、燃气表、分水器、暖气、风机盘管等。

在量房的过程中，需要使用哪些工具呢？

第一，卷尺。用来测量房间各尺寸，得出精确的数据。

第二，纸。用来画图纸。

第三，画板。画板要硬一点，方便在画户型图的时候绘制线条，使绘制出来的图纸更加清晰。

第四，笔（2 ~ 3 种颜色）。最好颜色多一点，如位置标识用红色，尺寸标识用蓝色，线条用黑色等。

第五，手机 / 相机。用手机或相机把房间的照片拍摄下来，方便回去的时候再查看相应户型，从而对空间有一个更好的把握。

5.8　墙体的拆除

一般来说，如果需要对户型进行改造，那么都会有第二张图纸：墙体的拆建图。下面介绍墙体拆建图纸的绘图技巧。

步骤01　在左下角的"布局 1"名称上单击鼠标右键，在弹出的快捷菜单中选择"移动或复制"命令，如图 5-82 所示。

步骤02　弹出"移动或复制"对话框，选择"（移到结尾）"选项，并选择"创建副本"复选框，如图 5-83 所示，单击"确定"按钮。

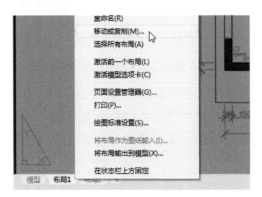

图 5-82　选择"移动或复制"命令

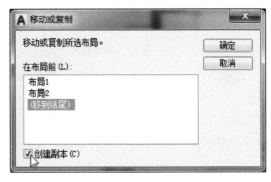

图 5-83　选择"创建副本"复选框

步骤03　即可创建一个副本布局空间，将"布局 2"删除，将"布局 1"的名称修改为"结构建筑图"，将创建的副本更名为"墙体拆建图"，如图 5-84 所示。

步骤04　在"墙体拆建图"布局空间中删除不需要的尺寸标注与标识，如图 5-85 所示。

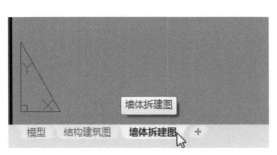

图 5-84　创建一个副本布局空间

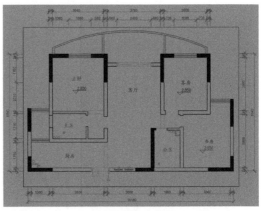

图 5-85　删除不需要的尺寸标注与标识

步骤 05 在布局空间双击，进入模型空间，隐藏"0- 建筑门"图层，因为门的位置要拆建墙体，所以要将门隐藏起来，如图 5-86 所示。

步骤 06 双击进入模型空间，切换至"1- 拆除墙体"图层，通过 PL(多段线)与 REC(矩形) 命令，在图纸中绘制出红色的需要拆除的墙体部分，如图 5-87 所示。

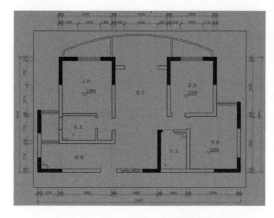

图 5-86　**要将门隐藏起来**　　　　　　图 5-87　**绘制出红色的需要拆除的墙体**

步骤 07 在绘制拆除墙体时，对底图已经产生了一定的破坏，现在新建一个"0- 备份墙体"图层，设置颜色为黑色；新建一个"0- 备份窗"图层，设置颜色为蓝色。使用 M（移动）命令将红色的墙体线条移开，将覆盖在下方的墙体移至"0- 备份墙体"图层，或者使用 TR（修剪）命令进行修剪，如图 5-88 所示。

步骤 08 再次使用 M（移动）命令将红色的拆除墙体归位，移至原位，如图 5-89 所示，这样操作别嫌麻烦，因为要保证第一张图纸的完整性，这样就形成了墙体的一个拆改部分效果图。

步骤 09 操作完成后，在"结构建筑图"布局空间中隐藏"1- 拆除墙体"图层，此时可以看到第 1 张图纸是完整的，如图 5-90 所示。

步骤 10 返回到"墙体拆建图"布局空间中，隐藏"0- 备份窗"图层和"0- 备份墙体"图层，看到第 2 张拆改图纸也是完整的，效果如图 5-91 所示。

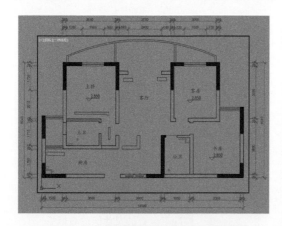

图 5-88　**将需要拆除的墙体移至备份层**

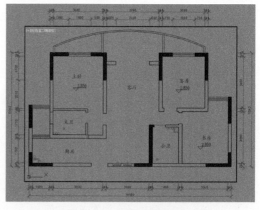

图 5-89　**将红色的拆除墙体归位**

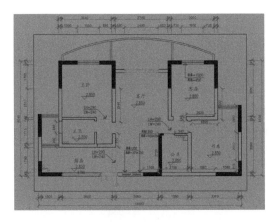

图 5-90　隐藏"1- 拆除墙体"图层

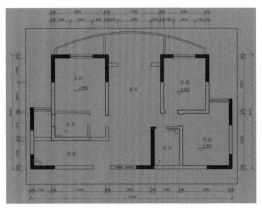

图 5-91　查看第 2 张拆改图纸

步骤 11　接下来对需要拆除的墙体进行填充。切换至"1- 拆除填充"图层,执行 H（图案填充）命令,在"图案"面板中选择 ANSI37 图案,如图 5-92 所示。

步骤 12　单击左侧的"拾取点"按钮,拾取需要填充的拆改部分墙体,填充图案,设置"填充图案比例"为 30,效果如图 5-93 所示。

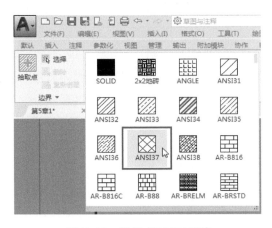

图 5-92　选择 ANSI37 图案

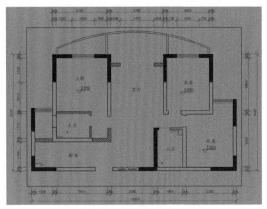

图 5-93　填充拆改部分墙体

5.9　墙体的新建

上一节介绍了墙体的拆除部分,本节主要介绍墙体的新建部分,主要是重新改建卫生间、扩大客厅面积,然后对管道进行新建墙体处理等,具体操作步骤如下。

步骤 01　双击进入模型空间,切换至"1- 新建墙体"图层,执行 PL（多段线）命令,拾取卫生间上方的端点,向上引导光标输入 60,向右引导光标输入 1070,向上引导光标输入 140（指 140 的墙厚度）,然后向左引导光标垂直垂足点,绘制效果如图 5-94 所示。

步骤 02　在刚绘制的图形右侧覆盖绘制一条直线,向右偏移 700 的门洞;执行 L（直线）命令,拾取最下方的端点,向右引导光标,输入 60 的门垛,向下引导光标,拾取垂足点结束,绘图效果如图 5-95 所示。

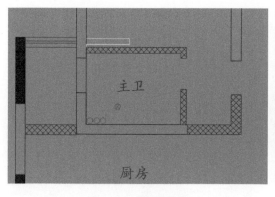

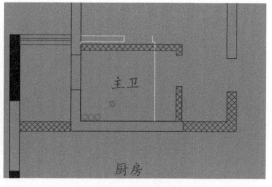

图 5-94　绘制图形 1　　　　　　　　　　　　图 5-95　绘制图形 2

步骤 03　将刚绘制的最长垂直线向右偏移 140，执行 L（直线）命令，拾取最上方短直线的端点，向右引导光标输入 640，向下引导光标输入 140，向右引导光标拾取端点，结束绘制，效果如图 5-96 所示，这里绘制的是新建墙体。

步骤 04　接下来对管道新建墙体。执行 L（直线）命令，拾取左下角端点，向上引导光标输入 200，向右引导光标输入 900，向下引导光标拾取垂足点，结束绘制，如图 5-97 所示。

步骤 05　用与上述同样的方法，在模型空间中新建其他的墙体，如图 5-98 所示。

步骤 06　由于图纸背景颜色的关系，将"1- 新建墙体"的图层颜色更改为黑色。接下来对新建的墙体进行填充。切换至"1- 新建填充"图层，执行 H（图案填充）命令，在"图案"面板中选择 BRICK 图案，这是一种砖墙的图案，单击左侧的"拾取点"按钮，拾取需要填充的新建部分的墙体，填充图案，设置"填充图案比例"为 10，效果如图 5-99 所示。

步骤 07　打开一个素材文件"5.9　图例说明 .dwg"，如图 5-100 所示。

步骤 08　全选素材，按【Ctrl ＋ C】组合键复制，按【Ctrl ＋ V】组合键粘贴至当前图纸中，并移动至合适位置，效果如图 5-101 所示。至此，完成墙体的新建操作。

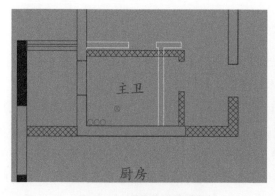

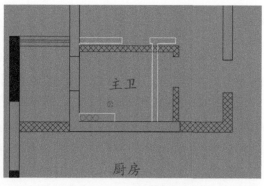

图 5-96　绘制新建的墙体　　　　　　　　　　图 5-97　对管道新建墙体

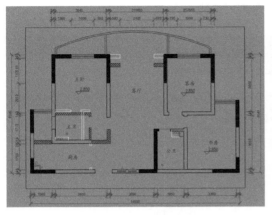

图 5-98　新建其他的墙体

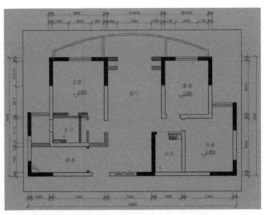

图 5-99　填充建新部分的墙体

图 5-100　打开一个素材文件

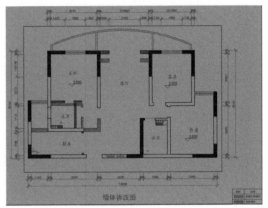

图 5-101　粘贴至当前图纸中

5.10　墙体拆改施工材料知识

在进行墙体拆改时，设计师一定要区分承重墙与非承重墙，了解家装常用的砌墙、隔墙材料及规格，下面进行相关介绍。

1. 区分承重墙与非承重墙

第一，看墙体的结构。

（1）专混结合：低矮的住宅楼、平房和别墅等，除了卫生间和厨房的隔墙，其他一般均为承重墙。

（2）框架结构：高层电梯楼 / 写字楼等，屋外墙为承重墙，内部的墙体一般为非承重墙。

第二，看原建筑结构图纸。

一般情况下，客户在购买房子时，开发商都会提供一张房子的结构图，图纸中线条粗一点的且有填充的墙体，一般都为承重墙。

第三，看墙体的厚度。

一般大于 200mm 为承重墙，小于 200mm 为非承重墙。

　　2. 了解家装常用砌墙、隔墙材料及规格

　　在家装过程中，砌墙常用的材料有轻质砖和红砖等。

　　（1）红砖的优势：稳固、隔音效果好，不容易开裂，如图 5-102 所示，标准的红砖规格有 240mm、115mm、53mm。

　　（2）轻质砖的优势：价格低、不增加楼重、保湿隔热、环保、增大建筑面积等，如图 5-103 所示，常见的尺寸有 600mm、300mm、80mm。

图 5-102　**红砖**　　　　　　　图 5-103　**轻质砖**

　　在家装过程中，隔墙主要用到的材料有轻钢龙骨、石膏板。其特点是成本可控、环保、施工进度快、不受重、忌潮讳水、隔音效果一般，适用于工装，厚度为 10 ～ 15mm。

5.11　平面布置图设计

　　从本节开始讲解平面布置图的设计。平面布置图在整个方案当中起到一个非常关键的作用，主要体现在设计师对户型空间的整体把握能力。那么，平面布置图主要布置哪些内容呢，如图 5-104 所示。

图 5-104　**CAD 平面布置图的内容**

下面介绍平面布置图的具体绘制方法，操作步骤如下。

步骤 01　在左下角的"墙体拆建图"名称上单击鼠标右键，在弹出的快捷菜单中选择"移动或复制"命令，弹出"移动或复制"对话框，选择"（移到结尾）"选项，并选择"创建副本"复选框，即可创建一个副本布局空间，将其名称修改为"平面布置图"，如图 5-105 所示。

步骤 02　将"1- 拆除墙体""1- 拆除填充""新建填充"这 3 个图层进行隐藏，当前的图纸效果如图 5-106 所示。

图 5-105　**创建"平面布置图"布局空间**

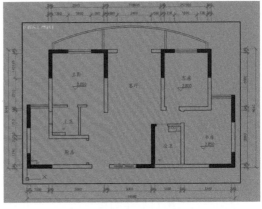

图 5-106　**隐藏相应图层后的效果**

步骤 03　绘制鞋柜。切换至"2- 固定到顶家具"图层，执行 PL（多段线）命令，拾取相应端点，向右引导光标，输入 1500，向下引导光标输入 300，向左引导光标拾取垂足点结束绘制，执行 L（直线）命令绘制一条交叉线，表示到顶的高柜子，将线条颜色更改为灰色，如图 5-107 所示。

步骤 04 接下来绘制到顶装饰面。切换至"2-装饰到顶完成面"图层，执行 PL（多段线）命令，拾取上一步图形的右下角端点，向下引导光标输入 20，向右引导光标输入 60，向上引导光标输入 880，向左引导光标输入 140，向下引导光标捕捉相应端点，如图 5-108 所示。

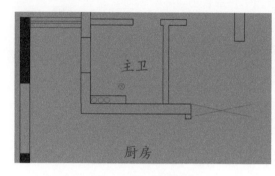

图 5-107　绘制鞋柜

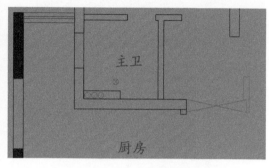

图 5-108　绘制装饰墙

步骤 05 用与上述同样的方法，绘制另外一个门垛及到顶的装饰面，切换至"2-固定到顶家具"图层，执行 PL（多段线）命令，绘制两个衣柜图形，向内偏移 35，设置线条颜色为灰色，表示衣柜的厚度，效果如图 5-109 所示。

步骤 06 切换至"2-模型家具"图层，选择"源泉设计"|"装饰构件"|"衣柜平面"命令，设置厚度为 500，指定上下两点绘制衣柜装饰对象，用同样的方法绘制另外一个衣柜平面装饰对象，将绘制的图形移至"2-模型家具"图层，更改图形颜色，效果如图 5-110 所示。

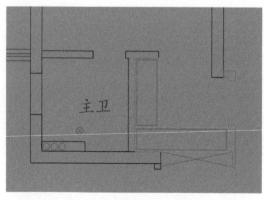

图 5-109　绘制两个衣柜图形

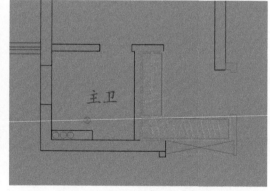

图 5-110　绘制衣柜的平面装饰

步骤 07 用与上述同样的方法，绘制其他衣柜、电视柜、书桌、书柜、榻榻米等图形，效果如图 5-111 所示。

步骤 08 接下来制作装饰到顶的完成面，因为洗手间和厨房的瓷砖都是贴到顶的，在布置图中可以表示一下。切换至"2-装饰到顶完成面"图层，将主卫、公卫、厨房进行到顶面装饰，以蓝色线条表示，偏移 10 厘米，隐藏"0-其他"图层，隐藏那些管道等，效果如图 5-112 所示。

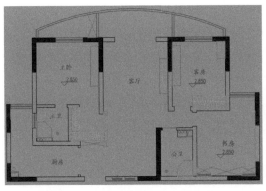
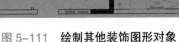

图 5-111　绘制其他装饰图形对象

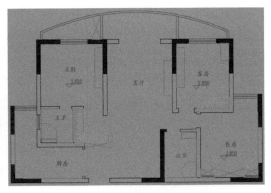

图 5-112　制作装饰到顶的完成面

步骤 09 接下来导入装饰模型，如沙发、电视机等，这些模型可以从网上下载，也可以通过复制与粘贴的方式导入图纸中，这里不再一一讲述。隐藏"5- 文字和图例"图层，开启"0- 其他"图层，图纸效果如图 5-113 所示。

步骤 10 运用之前笔者介绍过的操作方法，通过"源泉设计"插件制作平面门效果，预览平面布置的最终效果，如图 5-114 所示。

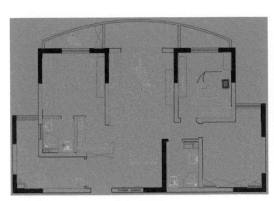

图 5-113　导入装饰模型

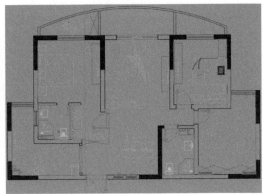

图 5-114　预览平面布置的最终效果

5.12　地面铺装图设计

接下来对房间的地面进行填充，制作地面铺装图，具体操作步骤如下。

步骤 01 在"平面布置图"的基础上创建一个副本布局空间，重命名为"地面铺装图"，隐藏 2 系列的相关图层，隐藏"0- 其他"图层，将"4- 地面其他"图层置为当前层，通过 L（直线）命令，在门的位置绘制地面连接线，如图 5-115 所示。

步骤 02 接下来对地面进行填充。客厅与餐厅是 800×800 的地砖，切换至"4- 地面填充"图层，执行 H（图案填充）命令并确认，添加"客厅"拾取点，在"特性"面板中设置"图案填充类型"为"用户定义"，单击"双"按钮，设置"图案填充间距"为 800，如图 5-116 所示。

步骤 03 执行操作后，即可对地面进行填充，效果如图 5-117 所示。

步骤 04 执行 H（图案填充）命令并确认，添加"主卧""客房""书房"拾取点，在"特性"面板中设置"图案填充类型"为"图案"，选择"实木地板"图案进行填充，设置"图案填充间距"为 150，填充效果如图 5-118 所示。

步骤 05 用与上述同样的方法对其他房间进行相应的地面填充，厨房做的防滑地砖"2×2 地砖"，卫生间做的防滑地砖"ANGLE"，阳台用的"拼花地砖 03"，所有门槛石用"大理石 4"图案，效果如图 5-119 所示。

步骤 06 接下来进入布局空间拉引线，标注材料，效果如图 5-120 所示。

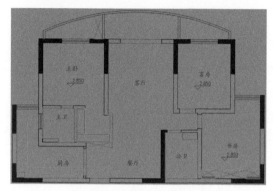

图 5-115 绘制地面连接线

图 5-116 设置各参数

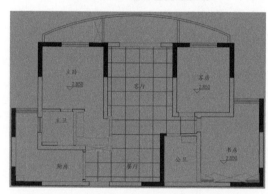

图 5-117 对"客厅"地面进行填充

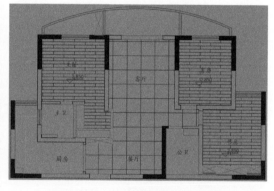

图 5-118 对卧室客房进行填充

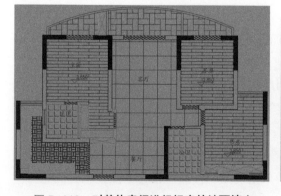

图 5-119 对其他房间进行相应的地面填充

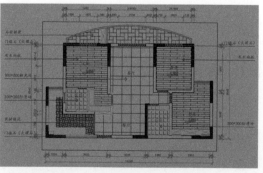

图 5-120 进入布局空间拉引线

5.13 吊顶造型绘制

本节主要介绍顶面布置图的设计方法，也就是我们所说的"天花布置图"。关于"顶面布置图"需要掌握如下要点：

第一，顶面的造型。

第二，顶面的灯具，如吊灯、射灯、灯带等。

第三，顶面的标高，标高是用来表示结构与层次的内容。

第四，尺寸标注，方便工人进行施工。

第五，材料的表达。

下面介绍具体的绘制方法。

步骤 01 在"地面铺装图"的基础上创建一个副本布局空间，重命名为"顶面布置图"，隐藏 4 系列的相关图层，删除相应的引线标注，如图 5-121 所示。

步骤 02 将"3- 门洞连接线"置为当前图层，通过 L（直线）命令在门的位置绘制地面连接线，如图 5-122 所示。

步骤 03 制作客厅吊顶。将"3- 顶面造型"置为当前图层，绘制相应连接线，执行 REC（矩形）命令，绘制一个矩形，依次向内偏移 300、200、100、100，在顶面绘制 4 条斜线表示斜面造型，并设置斜线为灰色，如图 5-123 所示。

步骤 04 制作顶面灯带。将偏移 300 的矩形向外偏移 100，并移至"4- 顶面灯带"图层，如图 5-124 所示。

步骤 05 接下来制作餐厅的吊顶。绘制多条连接线，使用 O（偏移）命令对右侧连接线进行偏移，偏移参数为 30、100，将上、左、下连接线向内偏移 700，修剪图形；再次向内偏移 200，修剪图形，如图 5-125 所示。

步骤 06 制作中间 300 的射灯。通过 O（偏移）命令，将上下线条向内偏移 310，右侧线条向左偏移 330，左侧线条向右偏移 400，执行 TR（修剪）命令修剪图形，如图 5-126 所示。

步骤 07 制作餐厅的灯带。执行 PL（多段线）命令绘制一条多段线，通过 O（偏移）命令偏移 100，执行 MA（笔刷）命令，将客厅的灯带刷到餐厅，效果如图 5-127 所示。

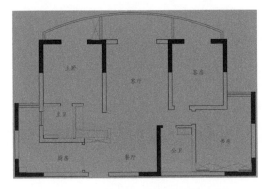

图 5-121　**新建"顶面布置图"布局**

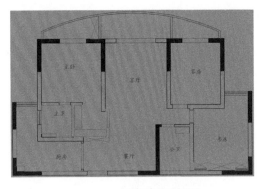

图 5-122　**绘制地面连接线**

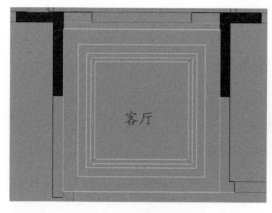

图 5-123　制作客厅吊顶

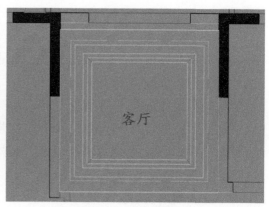

图 5-124　制作顶面灯带

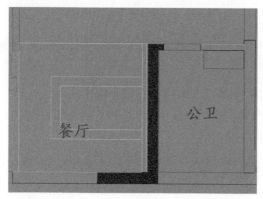

图 5-125　制作餐厅的吊顶

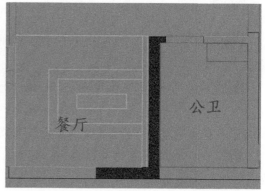

图 5-126　制作中间 300 的射灯

步骤 08　主卧、书房、客房做了一个 $20×200$ 的石膏板走边，这个如何表达呢？执行 REC（矩形）命令，绘制矩形；执行 O（偏移）命令偏移 20，3 个房间进行相同操作，将客房的衣柜图形移至"2- 固定到顶家具"图层，显示出来，效果如图 5-128 所示。

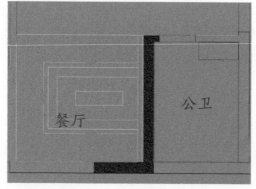

图 5-127　制作餐厅的灯带

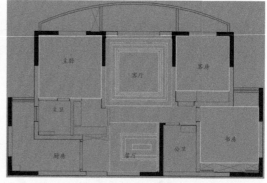

图 5-128　制作房间石膏板走边

步骤 09　接下来制作集成吊顶。将厨房的相应家具移至"2- 固定家具"图层，执行 PL（多边线）命令，在厨房、公卫、主卫绘制多段线，如图 5-129 所示。

步骤 10　将 "3- 顶面其他" 图层置为当前层，执行 H（填充）命令，填充 300×300 的规则图案，制作集成吊顶，效果如图 5-130 所示。

步骤 11　接下来布置顶面射灯。执行 L（直线）命令绘制辅助线，通过 DIV 命令分成 3 等份或 4 等份，设置点样式大小，用来表示射灯，如图 5-131 所示。

步骤 12　最后绘制吸顶灯，吸顶灯用斜线表示即可，效果如图 5-132 所示。

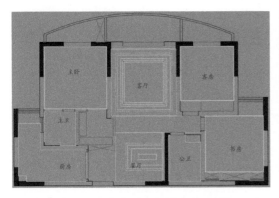

图 5-129　绘制多段线制作集成吊顶

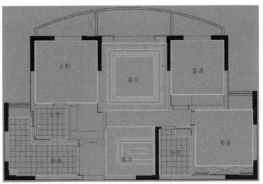

图 5-130　填充 300×300 的规则图案

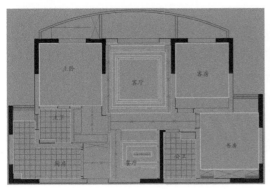

图 5-131　接下来布置顶面射灯

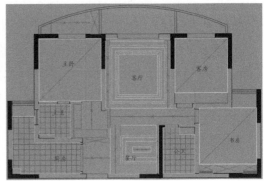

图 5-132　绘制吸顶灯

5.14　顶面灯具绘制

顶面灯具的绘制主要是通过导入模型来操作，这些灯具的模型可以从网上下载，也可以从图库中寻找，下面介绍具体的操作方法，笔者也会提供相应素材供大家操作。

步骤 01　选择 "文件" | "打开" 命令，打开灯具模型文件 "5.14　灯具素材 .dwg"，如图 5-133 所示。

步骤 02　执行 CO（复制）命令，将其复制到相应房间的相应位置，并进行适当缩放操作，删除之前绘制的射灯辅助线，效果如图 5-134 所示。

图 5-133　打开灯具模型文件

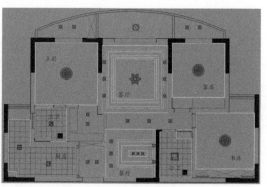

图 5-134　对灯具进行复制操作

5.15　吊顶剖面图

吊顶剖面图的绘制在家装过程中是很重要的部分，图纸主要用来满足工人的施工要求。下面介绍具体的绘制方法。

步骤 01　将"5- 文字和图例"置为当前图层，选择"源泉设计"丨"索引标题"丨"剖切索引号 2"命令，在客厅位置选择第 1 根、第 2 根、第 3 根线，绘制索引标题，适当缩放其大小，双击，更改值为 01，如图 5-135 所示。

步骤 02　选择"绘图"丨"样条曲线"丨"拟合点"命令，绘制一条曲线，如图 5-136 所示。

步骤 03　双击进入模型空间，将"3- 顶面造型"图层置为当前图层，执行 C（圆）命令，绘制一个圆，并移至合适位置，如图 5-137 所示。

步骤 04　执行 L（直线）命令，在上方绘制一条直接，向下偏移 300，再绘制一条垂直直线，如图 5-138 所示。

步骤 05　接下来进行填充，执行 H（填充）命令，为图形填充"钢筋混凝土"图案，将填充的图案移至"3- 顶面其他"图层，效果如图 5-139 所示。

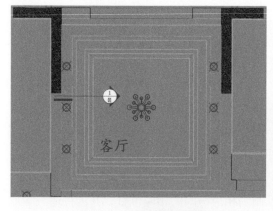

图 5-135　绘制索引标题

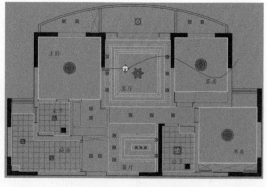

图 5-136　绘制一条曲线

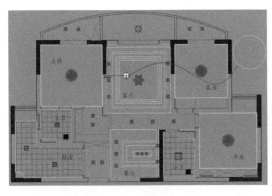

图 5-137　绘制一个圆

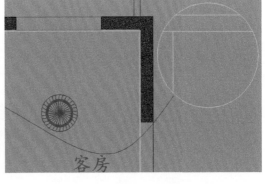

图 5-138　绘制水平与垂直直线

步骤 06　执行 L（直线）命令，拾取水平与垂直的交叉点，向下绘制 200，向右绘制 350，向上绘制 90，向左绘制 60，向下绘制 60，向左绘制 150，向上拾取垂足点，结束绘制，如图 5-140 所示。

步骤 07　将右侧直线偏移 200，执行 L（直线）命令，向右绘制两个 100，向上绘制 50，然后绘制一条斜线，删除相应辅助线，删除偏移 200 的直线，向上绘制 60，向右绘制 50，拾取最上方垂足点，结束绘制，如图 5-141 所示。

步骤 08　全选绘制的图形，使用 SC 命令放大 2 倍，移至合适位置，效果如图 5-142 所示。

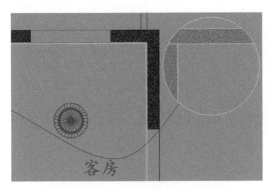

图 5-139　填充"钢筋混凝土"图案

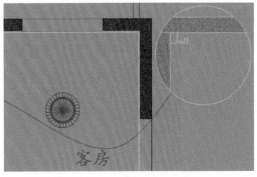

图 5-140　绘制吊顶灯槽图形

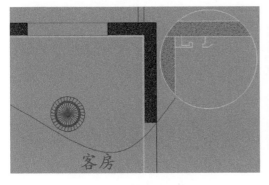

图 5-141　绘制顶部斜面效果

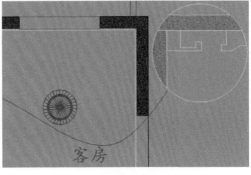

图 5-142　使用 SC 命令放大 2 倍

步骤 09 双击进入布置空间，将"5- 内标注"图层置为当前图层，使用"线性标注"绘制相应的尺寸标注，效果如图 5-143 所示。

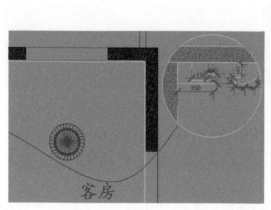
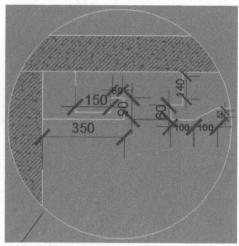

图 5-143 使用"线性标注"绘制相应的尺寸标注

5.16 吊顶材料及尺寸绘制

接下来完善顶面布置图，绘制顶面材料及尺寸标注，还有各种标高，可以通过复制与粘贴的方式来操作，然后修改数值即可，具体的操作方法前面已介绍过，这里不再详细说明，最终标注的标高及文字效果如图 5-144 所示。

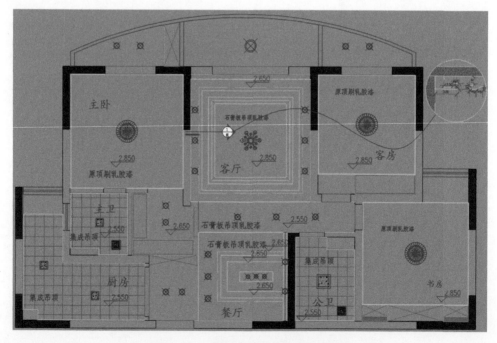

图 5-144 最终标注的标高及文字效果

标高时，大家需要注意，原墙吊顶的高度一般都是 2.850；客厅过道部分一般低一点，一般是 2.550；厨房、洗手间的吊顶一般是 300，所以标高一般是 2.550；餐厅顶面吊顶的高度是 200，一般标高为 2.650，大家绘图的时候需要注意一下。

5.17 开关布置图的设计

在绘制开关布置图之前，先从认识开关图标开始，因为如果不认识这个图标的话，我们在绘制的过程中没什么意义。在室内家装设计中，常见的开关包括单控单联、单控双联、单控三联、双控单联及双控双联等，如图 5-145 所示。

开关涉及"控"和"联"，这是很多入门的同学不太理解的地方，什么是"控"，什么是"联"呢，几控几联是什么意思呢？其实这个概念非常简单，"控"就是控制的意思。例如，在装修别墅时，从一楼过道走楼梯上二楼，肯定要开灯才能看见上楼的路，不可能上了二楼之后再下来把灯关掉。在这种情况下，单控开关就不太合适，因为它只有一个控制开关，这就是"控"的概念，表示一个灯由几个开关来控制。

那么"联"是什么意思呢？联是指一个开关面板上面有几个开关按钮，图 5-146 所示的开关面板上有 4 个开关按钮，表示四联开关。

图 5-145　**开关图例说明**　　　　　图 5-146　**四联开关**

开关的设计是根据在装修的时候灯的具体种类来设置的。例如，客厅有 3 组灯，包括吊灯、射灯、暗藏灯，那么在安装开关面板时，至少要有 3 个面板，电视机后面的射灯与沙发后面的射灯可以做一组线，就是用一联来控制。

理解了几控几联的意思之后，接下来看一下绘制的图纸，分析开关布置。

（1）从大门进来是两个射灯，用一个单控的开关即可，进门打开，出门关闭即可，这方便我们在进出门的时候换鞋。

（2）餐厅有 3 组灯，所以是三联开关，一组控制四周 5 个射灯，这是第一联；一组控制中间顶部的 3 个射灯，这是第二联；最后一组是灯带，这是第三联，所以需要三联开关。

（3）客厅过道是双控开关，控制 3 个射灯，这样设计方便从主卧、客房、书房出来都可以开灯，特别是夜间去厨房或餐厅喝水，不管从哪个房间出来都能立马开灯，所以这里设计的双控开关。

（4）客厅是一个单控三联的开关，一组吊灯、一组射灯，一组暗藏灯。

（5）书房与客房都是双控开关，一进门开灯，上床之后床头关灯，所以需要双控开关。书房做成双控开关是方便以后将书房改造成卧室，开关使用上就方便很多，有必要的话再备一个单控开关，用来控制电视机的电源，关闭之后电视机一块就断电了。

（6）主卧一进门，有一个单控开关用来控制衣帽间的灯光，还需要一个双控开关用来控制主卧的大灯（照明灯）。

（7）主卧的阳光区需要一个单控双联的开关，一个控制阳台的射灯，另一个控制主卧电视机的电源开关。

（8）卫生间主要是一个集成的开关盒子，用来控制卫生间的照明、换气、灯暖、吹风、风暖等。

（9）厨房是一个单控双联的开关，主要用来控制两个照明灯。

▶ 专家指点

房间的布局可以根据客户的需要来设计，可以是主卧、书房、客房；也可以是主卧、儿童房、书房，只要大家掌握了方法，设计的原理都是一样的。

对开关布置图进行了相关分析之后，接下来进行具体的绘制，步骤如下：

步骤 01 在"顶面布置图"的基础上创建一个副本布局空间，重命名为"开关布置图"，隐藏"3-顶面灯"与"3-顶面灯带"图层，然后删除相应的文字标注对象，如图 5-147 所示。

步骤 02 显示"3-顶面灯"与"3-顶面灯带"图层，这样图纸中只显示了灯具部分，让图纸显得更加干净，方便观看与绘制图纸，如图 5-148 所示。

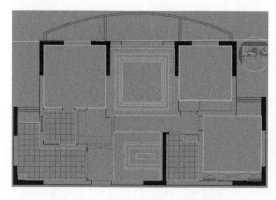
图 5-147　删除相应的文字标注对象

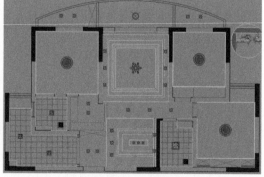
图 5-148　图纸中只显示了灯具部分

步骤 03 打开素材文件"5.17　开关布置图图例说明素材 .dwg"，将图例说明素材复制并粘贴到图纸的右下角，效果如图 5-149 所示。

步骤 04 接下来使用 CO（复制）命令将图例说明中的开关图标复制并粘贴到图纸中的进门位置，然后绘制多段线用来表示开关线路图，多段线用黄色线表示，通过 PE（多段线）命令设置线宽为 0.1，在上方绘制两条灯带，进门位置的效果如图 5-150 所示。

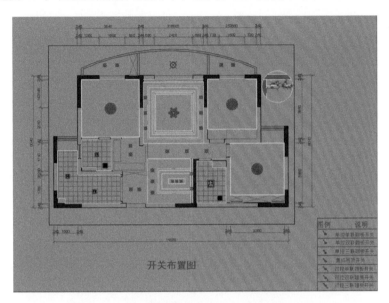

图 5-149 将图例素材复制并粘贴到图纸右下角

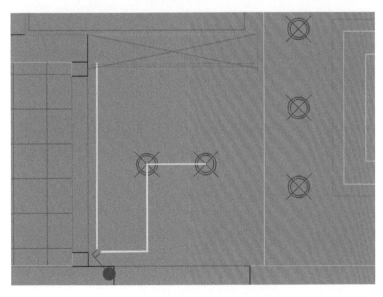

图 5-150 进门位置的开关布置效果

步骤 05 用与上述同样的方法，在图纸中的其他位置复制相应的开关图标，对开关图标进行适当旋转操作；通过 PE（多段线）命令绘制多段线，用 MA（笔刷）命令刷线条格式，效果如图 5-151 所示。这里，笔者在书房也做了一个双控的开关，是为了方便以后如果要将书房改成卧室的话，方便了开关的使用。

步骤 06 接下来在图纸中进行相应的文字标注，用前面介绍过的方法，可以通过复制的方式进行标注说明，也可以输入 T（文字）并确认，然后在绘图区中输入相应文字内容，对开关进行文字说明，效果如图 5-152 所示。

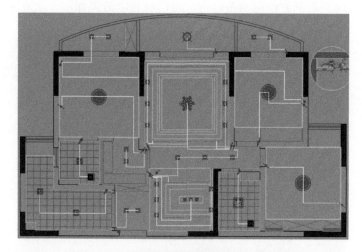

图 5-151　在其他位置复制相应的开关图标

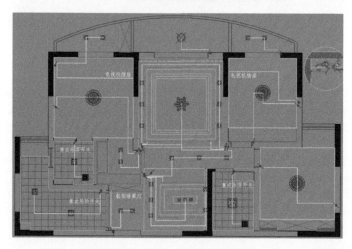

图 5-152　对开关进行文字说明

5.18　家装强弱电插座设计

从本节开始，主要讲解家装中插座图的设计，插座图也是比较重要的一个部分，需要大家熟练掌握插座图的设计。在家装当中，插座有哪些分类呢？下面分别进行介绍。

（1）**插座分类**：普通插座、防水插座、空调插座、地面插座、带开关插座、宽带网插座、电视插座、电话插座等。

（2）**门厅**：一般使用普通插座。

（3）**客厅**：普通插座 2 ~ 3 个，空调 1 个插座，沙发两侧普通插座各 1 个，地面插座 1 个，网络和电视各 1 个插座。

（4）**餐厅**：电冰箱 1 个插座（三孔带开关），地面插座 1 个。

（5）厨房：集成灶 1 个插座（三孔带开关），电冰箱 1 个插座（三孔带开关），操作台两边上 3 ~ 5 个防水插座（用于厨房电器，如电饭煲、微波炉、消毒柜、榨汁机等）。

（6）卧室：床头两边各 1 个插座，电视旁边 2 ~ 3 个插座，空调 1 个插座（三孔带开关），网络和电视各一个插座。

（7）书房：空调 1 个插座（三孔带开关），书桌边 3 个普通插座，地面插座 1 个，网络和电话插座一个。

（8）卫生间：镜头灯附近防水插座 1 个，马桶边防水插座 1 个。

关于插座的高度设计如下：

（1）厨房电源插座一般采用暗装 10A 五孔防水插座，带开关，插座底边距地面高度大于 900mm。

（2）空调电源插座均采用暗装 16A 三孔插座，带开关，插座底边距地面高度一般为 2000mm。

（3）冰箱电源插座均采用暗装 16A 三孔插座，插座底边距地面高度一般大于 300mm。

（4）除特殊插座高度标注外，其他电源插座底边距地面高度一般大于 300mm。

通过上面的学习，我们知道了房间内插座的分布情况，插座主要分为两种类型，一种是强电插座，另一种是弱电插座。普通插座、防水插座、空调插座、地面插座、带开关插座属于强电插座，而宽带网插座、电视插座、电话插座等属于弱电插座。

下面介绍强电插座与弱电插座的具体绘制，通过复制的方式将图标粘贴到适合位置即可，步骤如下。

步骤 01　在"平面布置图"的基础上创建一个副本布局空间，重命名为"强电插座布置图"，显示"5- 文字与图例"图层，这里是在"平面布置图"的基础上绘制的插座布置图，打开素材文件"5.18　强电插座图例说明素材 .dwg"，如图 5-153 所示。

步骤 02　将该表格素材复制并粘贴至当前图形编辑窗口的右下角，然后通过复制与旋转命令将相应插座复制到图纸中主卧的相应位置，如图 5-154 所示。

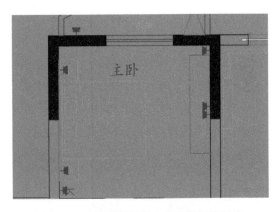

图 5-153　打开素材文件　　　　　　图 5-154　复制到图纸中主卧的相应位置

步骤 **03** 用与上述同样的方法，将强电插座复制到图纸的其他位置，效果如图 5-155 所示。

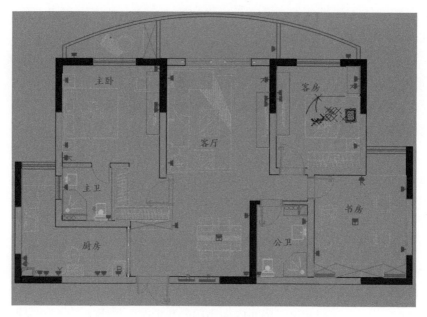

图 5-155 将强电插座复制到图纸的其他位置

▶ 专家指点

通过图 5-155 所示的强电插座的布置图可以看出：

- 进门的那一块放了一个备用插座，方便以后这里放置擦鞋机之类的。
- 餐厅放了一个地插和两个普通插座。
- 进入客厅以后，台灯上面各有一个普通插座，电视机上面有两个普通插座，旁边还有一个空调插座。
- 客房台灯位置有一个普通插座，另外一边有一个空调插座，还有一个普通插座（小孩用来做作业，或者桌上放笔记本之类的），电视机位置有两个普通插座。
- 中间阳台一块放置洗衣机，用的是防水插座；两侧阳台各放一个普通插座。
- 书房有一个地插，直接放在房间正中央；沙发位置有一个备用插座，书桌上有两个普通插座，旁边还有一个空调插座。
- 卫生间一般都是镜前有一个防水插座，主要用来吹头发用的。
- 马桶旁边有一个插座，如果是智能马桶的话，是需要用电的。
- 厨房进门是冰箱，所以放了一个冰箱插座；工作台上面有两个防水插座，再过去就是一个集成灶抽烟机的插座，再过去有 4 个备用插座，主要在工作台上面使用，如煮饭、熬汤等。

步骤 **04** 强电插座绘制完成后，需要在图纸的左下角放一个说明文档，对插座进行相应说明，这样方便工人在施工的过程中有一个清晰的概念，图纸中加上插座说明内容之后，会显得更加规范，如图 5-156 所示。

说明

1.厨房电源插座均采用暗装10A五孔防水插座，带开关，插座底边距地高度均为1150mm。
2.空调电源插座均采用暗装16A三孔插座，带开关，插座底边距地高度均为2100mm。
3.冰箱电源插座均采用暗装16A三孔插座，插座底边距地高度均为700mm。
4.除特殊插座高度标注外，其它电源插座底边距地高度均为300mm。

图 5-156　**在图纸的左下角放一个说明文档**

步骤 05 接下来绘制弱电插座。弱电插座比强电插座要少，主要是电话插座、电视插座、宽带网插座等，这 3 种插座的运用范围也没有强电插座那么多，主要用在客厅、书房、客房、主卧等。

步骤 06 在"平面布置图"的基础上创建一个副本布局空间，重命名为"弱电插座布置图"，显示"5- 文字与图例"图层，打开素材文件"5.18弱电插座图例说明素材 .dwg"，如图 5-157 所示。

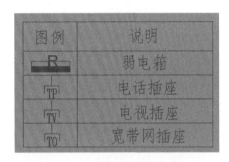

图例	说明
R	弱电箱
TP	电话插座
TV	电视插座
TO	宽带网插座

步骤 07 将该表格素材复制并粘贴至当前图形编辑窗口的右下角，然后通过复制与旋转命令将相应插座复制到图纸中的相应位置，弱电插座布置图如图 5-158 所示。至此，完成房间插座的布置与设计。

图 5-157　**打开弱电插座素材文件**

图 5-158　**弱电插座布置图**

5.19 家装平面布置的要点和技巧

接下来学习一下在家装平面布置图中的一些要点和技巧，方便设计师设计出更多客户满意的家装作品。下面以图解的形式进行分析，如图 5-159 所示。

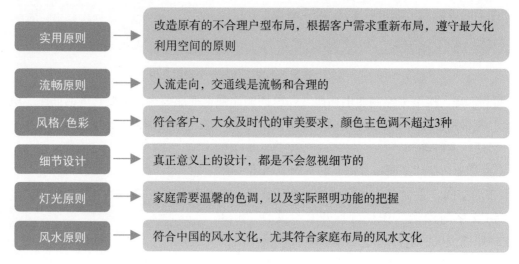

图 5-159　家装平面布置的要点和技巧

5.20 家装常用地板材料的分析

本节主要针对家装过程中地板的常用材料进行分析，帮助大家更好地掌握地面铺装图的设计。家装中常用的地板包括瓷砖、木地板、地毯等，它们各有哪些特点和规格呢？主要适用于什么情况下的家装呢？如图 5-160 所示。

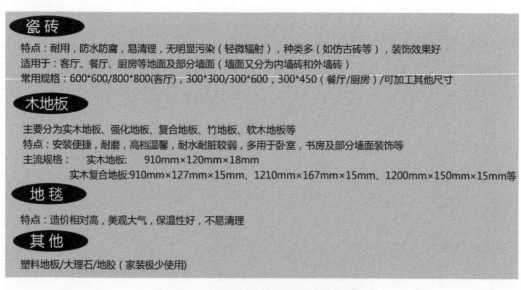

图 5-160　家装常用地板的材料案例分析

5.21 家装常用吊顶材料的分析

在家装设计中，目前常用的吊顶主要分为两种，一种是石膏板吊顶，另一种是集成吊顶。它们所用的区域也不相同，石膏板吊顶一般用于客厅、卧室、书房、阳台等区域，集成吊顶主要用于厨房、卫生间等区域，如图 5-161 所示。

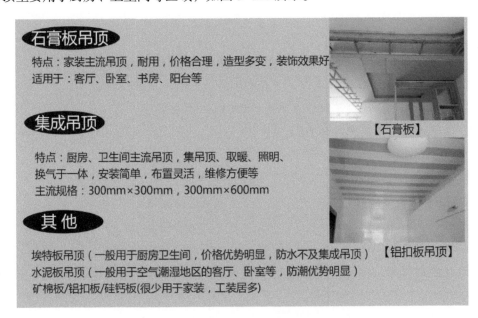

图 5-161　家装常用吊顶材料的案例分析

第 **6** 章
精选插件助你快速绘制图形

本章主要针对源泉设计插件的一些常用功能进行详细介绍，如绘制墙体、绘制门窗、绘制楼梯、绘制家具、绘制建筑符号及统计面积等，掌握这些，可以大大提高设计师的绘图效率，希望大家熟练掌握本章内容。

- ●CAD 实用插件介绍
- ●插件的系统设定
- ●快速绘制墙体
- ●快速绘制门窗
- ●快速绘制楼梯
- ●快速绘制家具
- ●快速绘制建筑符号
- ●快速统计面积与制作材料表

扫描二维码观看本章教学视频

6.1　CAD 实用插件介绍

在 CAD 制图过程中，为了提升绘图效率，笔者推荐使用一些绘图插件，如天正建筑插件、源泉设计插件、浩辰 / 中望 CAD 插件，以及其他施工插件等，下面简单介绍。

- 天正建筑插件：内容系统，专业性强，适合建筑暖通等设计。
- 源泉设计插件：内容实用，操作简单，完全免费，适合室内设计。
- 浩辰 / 中望 CAD 插件：一款 AutoCAD 的国产软件，使用比较简单。

6.1.1　认识源泉设计插件

在第 5 章的绘图过程中，就使用到了源泉设计插件，它的功能非常强大，制图效率非常快。本节主要以源泉设计插件为例进行介绍。源泉设计的菜单界面如图 6-1 所示。

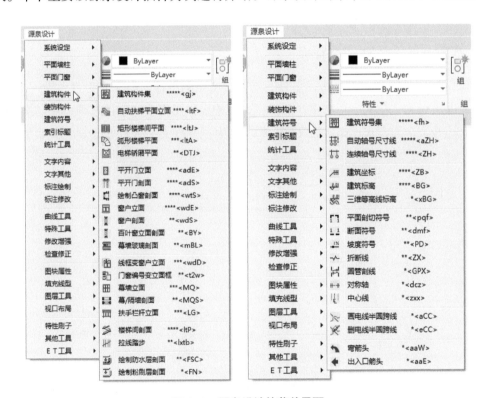

图 6-1　源泉设计的菜单界面

源泉设计虽然只是一个插件，但它会以菜单命令的方式呈现在 AutoCAD 的主界面中，我们在其中可以看到许多实用功能，如墙柱绘制、门窗绘制等，通过执行相应的快捷键也可以快速执行相应命令，这与 CAD 中的操作习惯类似。

6.1.2　了解源泉设计的优势

源泉设计插件深受用户的喜爱，源于它的一些实用功能，主要包含六大优势，如图 6-2 所示。

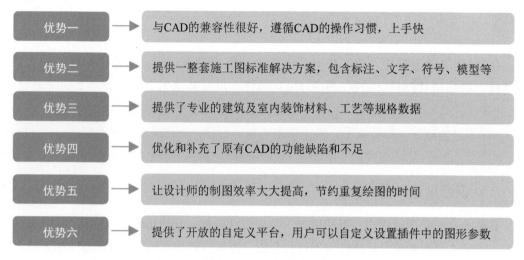

图 6-2　源泉设计插件主要包含六大优势

6.1.3　掌握源泉设计的功能特点

源泉设计可以提升制图效率，它有一些非常实用的特征，如文字工具，输入 TT 之后并确认，即可弹出"输入单行文本"对话框，其中提供了很多文字的选项，包括文字的样式，还有一些文字的模式，如普通文字、说明文字及标题文字等，如图 6-3 所示。

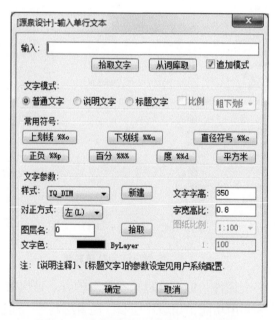

图 6-3　弹出"输入单行文本"对话框

选择不同的文字模式出来的文字效果会不相同，源泉设计插件会自动设计好不同模式的文字效果。例如，在"输入"文本框中输入文字内容"平面布置图的设计"，然后选择"普通文字"单选按钮，单击"确定"按钮，在绘图区中指定文字放置位置，即可查看普通文字的效果，如图 6-4 所示。

平面布置图的设计

图 6-4 普通文字的效果

又如，如果选择"标题文字"单选按钮，则文字效果如图 6-5 所示。

平面布置图的设计

平面布置图的设计

图 6-5 标题文字效果

源泉设计中还有很多已经设计好的符号样式、楼梯样式、门窗样式等，节约了许多绘图时间，图 6-6 所示为符号样式。

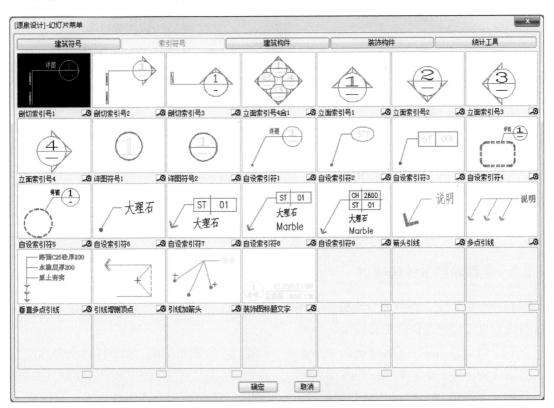

图 6-6 源泉设计中的符号样式

6.2　插件的系统设定

在源泉设计中，可以通过"系统设定"菜单来修改插件中的相关设置，使软件的操作习惯更符合用户的需求，如图形插件参数的更改、快捷键的重置与保存等。

6.2.1　认识源泉设计插件

上一节介绍了源泉设计插件的六大优势，包括源泉设计提供了开放的自定义平台，可以通过用户自定义设置插件中的图形参数，这个如何操作呢？

其实方法很简单，只需在菜单栏中选择"源泉设计"|"系统设定"|"用户系统配置"命令，如图 6-7 所示。执行操作后，即可打开一个记事本窗口，如图 6-8 所示，在其中可以根据自己的操作习惯更改系统配置文件，如线型的颜色、图层的颜色及门窗颜色等。

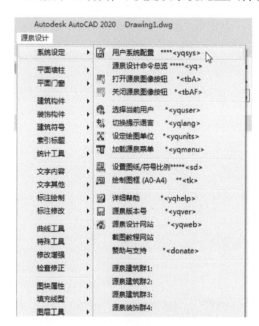

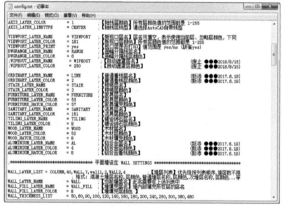

图 6-7　单击"用户系统配置"命令　　　　图 6-8　系统配置的记事本窗口

更改完成后，在记事本窗口中选择"文件"|"保存"命令，即可保存更改。

6.2.2　查看源泉设计快捷键

在源泉设计中，各种命令也提供了相应的快捷键，与 CAD 中的操作是一样的，输入相应命令也可以快速执行相关操作。

每个命令后面都带了快捷键命令，通过"系统设定"菜单下的"源泉设计命令总览"命令可以预览整个命令菜单，如图 6-9 所示。

单击左侧的"【平面门窗】命令列表"，弹出"【门窗工具】命令列表"对话框，如图 6-10 所示，在其中可以根据实际需要查看并更改相关命令的快捷键参数，修改完成后，单击"确定"按钮即可。

图 6-9　预览整个命令菜单

图 6-10　更改命令的快捷键参数

6.3　快速绘制墙体

通过源泉设计插件可以快速绘制出墙体效果，在菜单栏中选择"源泉设计"|"平面墙柱"命令，其中提供了多种墙体命令，如图 6-11 所示，可以绘制出不同样式的墙体效果。

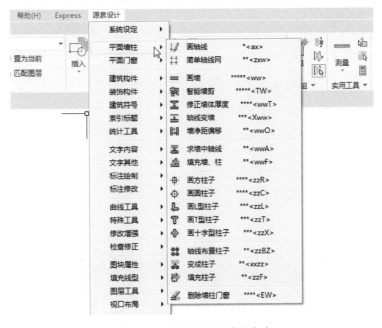

图 6-11　提供了多种墙体命令

6.3.1 快速绘制简易墙体

"画墙"命令的快捷键是 WW，可以快速绘制出墙体，如图 6-12 所示，但是这样画出来的墙体没有太大实际意义。因为室内的墙体是根据内线进行偏移的，而"画墙"命令绘制出来的墙体在数据上有一定的误差，它不是从内线开始走的，是从中间开始走的，所以，画出来的墙体有数据误差。该命令只适合用于精度不高的墙体绘制。

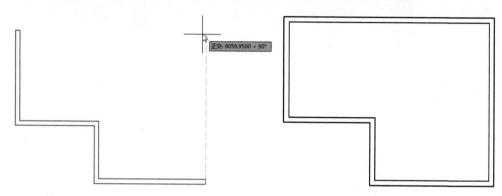

图 6-12　可以快速绘制出墙体

6.3.2 通过墙净距偏移绘制墙体

使用"画墙"命令可以快速绘制出墙体，但数据上有误差，精度不够，如果大家要绘制出精确数据的墙体，可以使用"墙净距偏移"命令进行操作，笔者比较推荐这种方法。具体操作步骤如下：

步骤 01　输入 WW（画墙）命令，按【空格】键确认，输入 T 并确认，弹出"输入墙厚"对话框，室内设计中常用的墙体厚度是 240，这里选择 240 的墙体，如图 6-13 所示。

步骤 02　单击"确定"按钮，指定第一点，向下引导光标输入 4000 并确认，绘制一个 4m 的墙体，如图 6-14 所示。

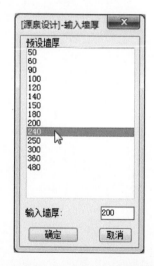

图 6-13　选择 240 的墙体

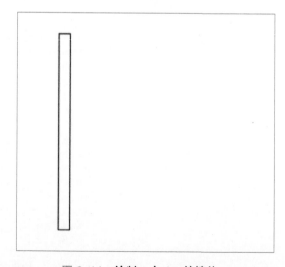

图 6-14　绘制一个 4m 的墙体

步骤 03　接下来输入 WWO（墙净距偏移）命令并确认，输入 5000 并确认，选择上一步中绘制的墙体，向右进行偏移操作，效果如图 6-15 所示。

步骤 04　再次输入 WW（画墙）命令，连接两段墙体的上端点，如图 6-16 所示。

图 6-15　向右进行偏移操作

图 6-16　连接两段墙体的上端点

步骤 05　再次输入 WWO（墙净距偏移）命令并确认，输入 4000 并确认，将上方的墙体向下偏移 4m，完成绘制，如图 6-17 所示。

步骤 06　下面使用"线性尺寸"命令来标注一下墙体的尺寸，数据十分准确，效果如图 6-18 所示。

图 6-17　将上方的墙体向下偏移 4m

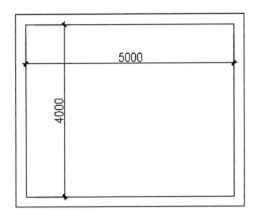

图 6-18　墙体尺寸十分精确

▶ 专家指点

可以看到，绘制出来的墙体是自动合并的，省去了之前大量修剪、延伸墙体的时间，因此，笔者比较推荐这种绘制墙体的方式。

6.3.3　通过智能墙剪绘制墙体

源泉设计中的"智能墙剪"命令主要用于快速修复墙体，使具有缺陷的墙体快速合并，具体操作步骤如下：

步骤 01 单击快速访问工具栏中的"打开"按钮📂，打开一幅素材图形，如图 6-19 所示。

步骤 02 在菜单栏中选择"源泉设计"|"平面墙柱"|"智能墙剪"命令，如图 6-20 所示。

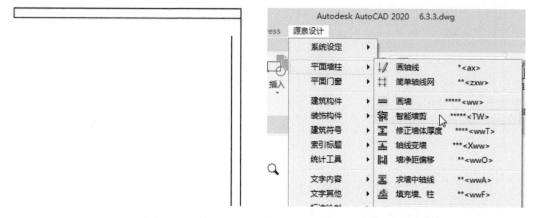

图 6-19 打开一幅素材图形　　　　　　　　　图 6-20 选择"智能墙剪"命令

步骤 03 在绘图区中通过拖曳的方式框选需要修复的墙体，如图 6-21 所示。

步骤 04 释放鼠标左键，即可快速修复墙体，效果如图 6-22 所示。

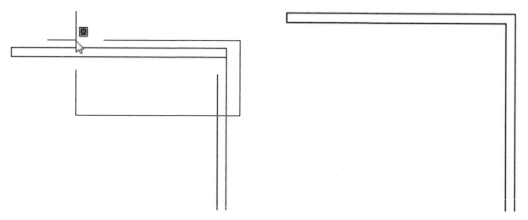

图 6-21 框选需要修复的墙体　　　　　　　　图 6-22 快速修复墙体的效果

6.3.4 删除墙体及门窗

在墙体上安装了门或窗之后，如果开门的位置错了，需要重新画门，这时使用源泉设计中的 EW（删除墙柱门窗）命令，可以快速删除门窗对象，并快速修复墙体，使开门的墙体自动连接，修复至之前完好的墙体效果。

下面来看一个实例，具体操作步骤如下。

步骤 01 单击快速访问工具栏中的"打开"按钮📂，打开一幅素材图形，如图 6-23 所示。

步骤 02　在这个墙体中画了一个门，在对面画了一个窗户，如果要删除门对象，想重新在其他地方开个门，这个时候如果我们直接按【Delete】键删除，或者使用 E（删除）命令来删除，删除后的墙体是不完整的，门的位置缺了一块墙体，如图 6-24 所示，这时需要使用其他命令重新修补墙体。

步骤 03　可以使用源泉设计中的 EW（删除墙柱门窗）命令来删除门图形，删除后的墙体依次保持完整。将素材恢复至打开时的状态，执行 EW（删除墙柱门窗）命令并确认，选择需要删除的门对象，如图 6-25 所示。

步骤 04　按【Enter】键确认，即可删除门对象，同时墙体自动修复完整，效果如图 6-26 所示，这个功能非常实用，希望大家熟练掌握。

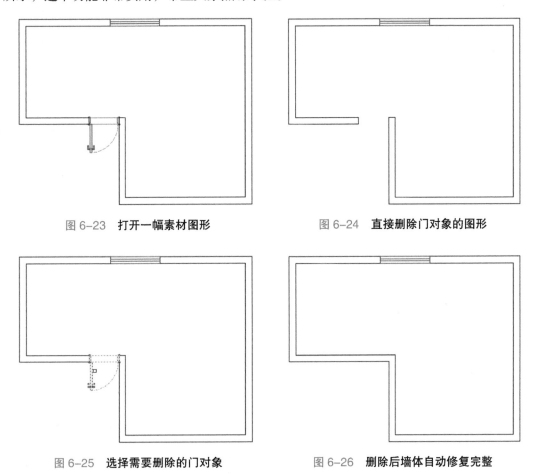

图 6-23　**打开一幅素材图形**　　　　　　图 6-24　**直接删除门对象的图形**

图 6-25　**选择需要删除的门对象**　　　　图 6-26　**删除后墙体自动修复完整**

6.4　快速绘制门窗

通过源泉设计中的门窗插件，可以快速绘制出门窗效果。源泉设计中的"平面门窗"菜单是需要大家重点掌握的，因为它在室内设计中使用得非常多，下面笔者针对常用的门窗绘制功能进行讲解，希望大家熟练掌握。

6.4.1 快速在墙体上开门

使用源泉设计中的 AD（墙或轴线开普通门）命令，可以快速在墙体上绘制各种普通门，方便又高效，可以快速提升绘图效率。具体操作步骤如下：

步骤 01 输入 WW（画墙）命令，按【空格】键确认，绘制一段长度为 3000 的墙体，如图 6-27 所示。

步骤 02 在菜单栏中选择"源泉设计"|"平面门窗"|"墙或轴线开普通门"命令，如图 6-28 所示。

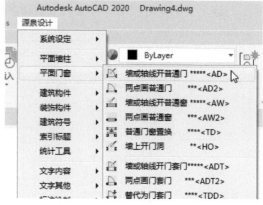

图 6-27 绘制一段长度为 3000 的墙体   图 6-28 选择"墙或轴线开普通门"命令

步骤 03 根据命令行提示进行操作，输入 S（门选型）命令并确认，弹出"选择缺省门类型"对话框，选择第 2 排第 1 个普通单门样式，如图 6-29 所示。

步骤 04 根据命令行提示进行操作，输入 W（改门洞、门垛宽）命令并确认，弹出"门洞 / 门垛宽"对话框，设置"预设墙洞宽度"为 900、"预设墙垛宽度"为 400，如图 6-30 所示，这是在量房的时候根据量房的参数进行的选择。

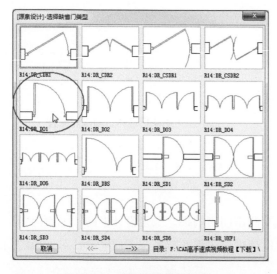

图 6-29 选择普通单门样式   图 6-30 设置门洞 / 门垛宽

在"选择缺省门类型"对话框中选择第 2 排第 2 个门样式，可以绘制出双门的效果。

步骤 05　设置完成后，单击"确定"按钮，将鼠标移至墙体下方左侧的线条上，如图 6-31 所示。

步骤 06　单击，然后根据鼠标的移动，指定开门的方向并确认，即可快速绘制出普通的单门样式，效果如图 6-32 所示。

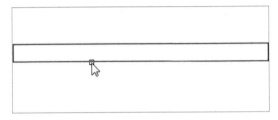

图 6-31　移至墙体下方左侧的线条上

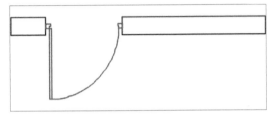

图 6-32　快速绘制出普通的单门样式

6.4.2　快速绘制门套门效果

门套是一种建筑装潢术语，是指门里外两个门框，现在的门都做门套，把门洞都包装起来了。下面介绍使用源泉设计插件快速绘制门套门的方法。

步骤 01　输入 WW（画墙）命令，按【空格】键确认，绘制一段长度为 4000 的墙体，如图 6-33 所示。

步骤 02　在菜单栏中选择"源泉设计"|"平面门窗"|"墙或轴线开门套门"命令，输入 S（门选型）并确认，弹出"门套门样式"对话框，选择第 3 排第 1 个门套门样式，这是一种子母门，如图 6-34 所示。

图 6-33　绘制一段长度为 4000 的墙体

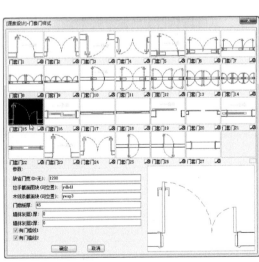

图 6-34　选择第 3 排第 1 个门套门样式

步骤 03 单击"确定"按钮，输入 W（改门洞、垛宽）命令并确认，弹出"门洞 / 门垛宽"对话框，子母门一般是 1200 的门洞宽度，墙垛宽设置为 300，单击"确定"按钮，如图 6-35 所示。

步骤 04 选择第一步中绘制的墙体，指定开门的方向，即可快速绘制门套门，效果如图 6-36 所示。

图 6-35 "门洞 / 门垛宽"对话框

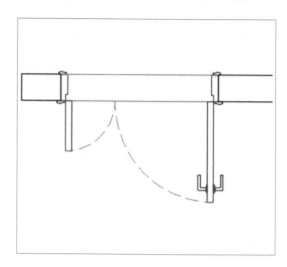

图 6-36 快速绘制门套门的效果

6.4.3 快速在墙上开门洞

在制作门厅的时候，有时不需要在墙上制作门的效果，只需要在墙上开一个门洞即可，使用源泉设计插件在墙上开门洞十分方便，具体步骤如下：

步骤 01 单击快速访问工具栏中的"打开"按钮 📂，打开一幅素材图形，如图 6-37 所示。

步骤 02 在菜单栏中选择"源泉设计"|"平面门窗"|"墙上开门洞"命令，如图 6-38 所示，也可以执行 HO 命令并确认。

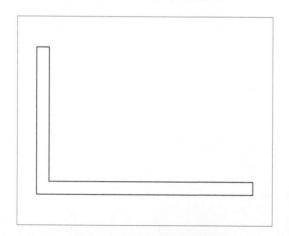

图 6-37 打开一幅素材图形

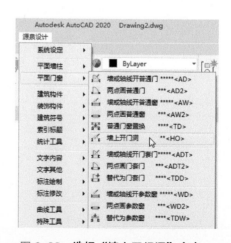

图 6-38 选择"墙上开门洞"命令

步骤 03 根据命令行提示进行操作，输入 W（改门洞／门垛宽）命令并确认，弹出"门洞／门垛宽"对话框，在其中设置门洞／门垛宽，如图 6-39 所示。

步骤 04 设置完成后，单击"确定"按钮，返回绘图区，在相应墙体位置单击，即可快速在墙上开门洞，效果如图 6-40 所示。

图 6-39　设置门洞／门垛宽

图 6-40　快速在墙上开门洞

6.4.4　快速在墙上开窗

上面介绍了绘制门的方法，接下来讲解在墙上开窗的方法，开窗的快捷命令是 WD，操作十分简单，具体步骤如下：

步骤 01 单击快速访问工具栏中的"打开"按钮，打开一幅素材图形，如图 6-41所示。

步骤 02 在命令行中输入 WD（墙或轴线开参数窗）命令并确认，根据命令行提示进行操作，输入 S（窗选型）命令并确认，弹出"平面窗样式"对话框，常用的是第 1 种窗户样式，如图 6-42 所示，单击"确定"按钮。

图 6-41　打开一幅素材图形

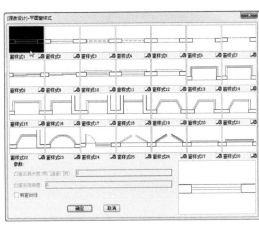

图 6-42　选择第 1 种窗户样式

233

步骤 03 接下来输入 W（改窗洞 / 垛宽）命令并确认，弹出"窗洞 / 窗垛宽"对话框，设置墙洞宽度为 1200，如图 6-43 所示。

步骤 04 单击"确定"按钮，然后在墙体的合适位置单击，即可快速绘制普通窗户，效果如图 6-44 所示。

图 6-43　设置墙洞宽度为 1200

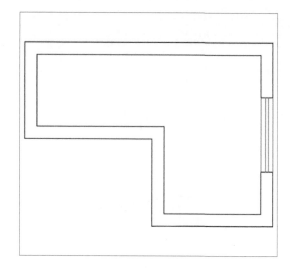

图 6-44　**快速绘制普通窗户**

步骤 05 如果要绘制飘窗怎么操作呢？执行 WD 命令并确认，输入 S（窗选型）命令并确认，弹出"平面窗样式"对话框，选择"窗样式 13"，如图 6-45 所示，单击"确定"按钮。

步骤 06 在需要开飘窗的墙体位置单击，即可绘制飘窗，效果如图 6-46 所示。

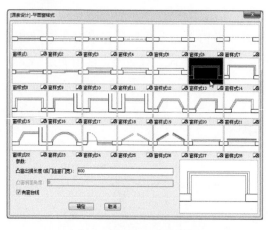

图 6-45　**选择"窗样式 13"**

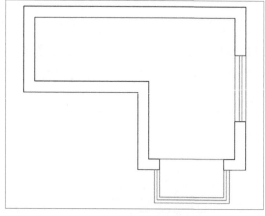

图 6-46　**绘制飘窗的效果**

6.4.5　调整门窗的方向

绘制好门窗以后，如果发现门窗的方向反了，此时如果删除门窗再重新绘制的话，有点麻烦，可以通过源泉设计中的 FZ（翻转门窗）命令来更改门窗的方向，这样就不需要重新绘制了，节省了许多绘图时间。调整门窗方向的具体步骤如下：

步骤 01 单击快速访问工具栏中的"打开"按钮，打开一幅素材图形，如图 6-47 所示。

步骤 02 选择"源泉设计"|"平面门窗"|"翻转门窗"命令，或者输入 FZ（翻转门窗）命令并确认，选择右侧需要翻转的门图形，如图 6-48 所示。

步骤 03 按【空格】键确认，通过移动鼠标方向来更改开门的方向，效果如图 6-49 所示。

步骤 04 用与上述同样的方法，更改飘窗的方向，效果如图 6-50 所示。

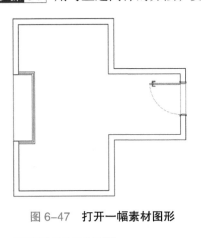

图 6-47　**打开一幅素材图形**

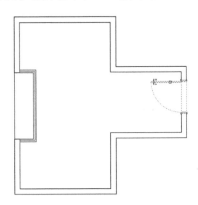

图 6-48　**选择右侧需要翻转的门图形**

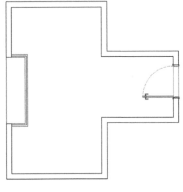

图 6-49　**更改开门的方向**

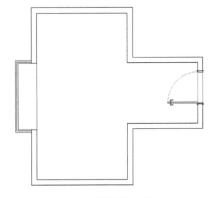

图 6-50　**更改飘窗的方向**

▶ **专家指点**

在源泉设计插件中还提供了更改门窗宽度的命令，即 CW（修改门窗宽度）命令。

6.5　快速绘制楼梯

在源泉设计插件中，还可以快速绘制楼梯对象，常用的有两种楼梯类型，一种是矩形楼梯，另一种是弧形楼梯。标准的高层住房或商务建筑中，一般使用的大多是矩形楼梯；而别墅区的设计中，一般使用的是弧形楼梯。下面主要针对这两种楼梯进行介绍。

6.5.1 绘制矩形楼梯平面

矩形楼梯是室内设计中使用频率最高的一种楼梯，适用于大部分场合，下面介绍绘制矩形楼梯平面图形的操作方法。

步骤 01 在菜单栏中选择"源泉设计"|"建筑构件"|"矩形楼梯间平面"命令，或者输入 LTJ 命令并确认，如图 6-51 所示。

步骤 02 弹出"设置图纸比例"对话框，设置"全局比例"为 1 ∶ 100，如图 6-52 所示，单击"确定"按钮。

图 6-51 选择"矩形楼梯间平面"命令

图 6-52 设置"全局比例"

步骤 03 弹出"绘制矩形楼梯间平面"对话框，在其中可以设置楼梯总宽、休息平台宽、梯段宽、踏步宽及层高等参数，如图 6-53 所示。

步骤 04 设置完成后，单击"确定"按钮，在绘图区中指定需要插入楼梯的位置，即可绘制矩形楼梯，效果如图 6-54 所示。

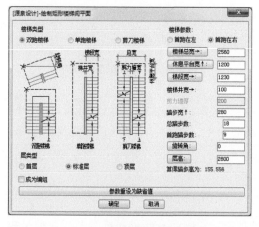

图 6-53 设置矩形楼梯各参数

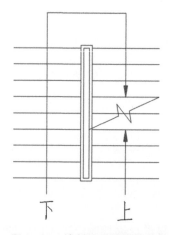

图 6-54 绘制矩形楼梯的效果

6.5.2　绘制弧形楼梯平面

弧形楼梯是一种带弧线美感的楼梯，一般在别墅或复式楼的设计中比较常见，弧形楼梯比矩形楼梯更显档次与质感，近年来越来越受大众的喜爱。下面介绍绘制弧形楼梯平面图形的操作方法，具体步骤如下：

步骤 01　在菜单栏中选择"源泉设计"｜"建筑构件"｜"弧形楼梯平面"命令，或者输入 LTA 命令并确认，弹出"绘制弧形楼梯平面"对话框，设置各参数，如图 6-55 所示。

步骤 02　单击"确定"按钮，在绘图区中指定弧形楼梯的位置，即可绘制出弧形楼梯的效果，如图 6-56 所示。

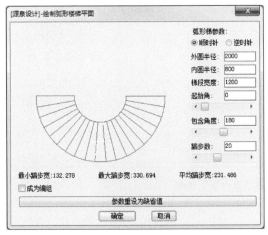

图 6-55　**"绘制弧形楼梯平面"对话框**

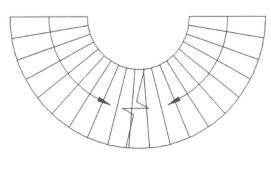

图 6-56　**绘制出弧形楼梯的效果**

6.6　快速绘制家具

以前绘制室内设计图纸时，如果需要一些家装的家具模型，都是通过图库导入或者复制粘贴的方式应用到图纸中，现在有了源泉设计插件，可以直接快速绘制出各种需要的家具模型，大大提高了工作效率。

6.6.1　绘制卧室家具图形

源泉设计中提供了整套卧室家具图形，应用起来既方便又快捷。在绘图区中输入 ZS（装饰构件集）命令，弹出"幻灯片菜单"对话框，选择"家具洁具布置"图框，如图 6-57 所示，单击"确定"按钮。

弹出"家具洁具布置"对话框，在其中选择"布置卧房"图框，单击"确定"按钮，如图 6-58 所示；然后在绘图区中绘制一个矩形图框，指定家具的摆放位置和方向，即可快速绘制出卧室的家具图形，效果如图 6-59 所示。

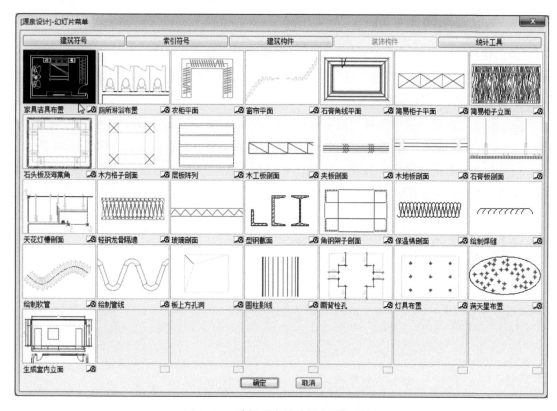

图 6-57　选择"家具洁具布置"图框

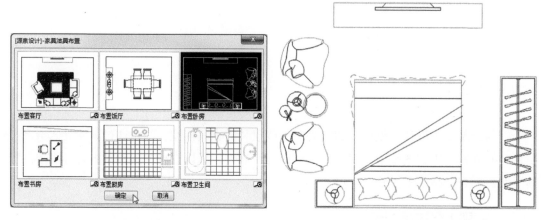

图 6-58　选择"布置卧房"图框　　　　　图 6-59　快速绘制出卧室的家具图形

6.6.2　绘制客厅家具图形

绘制客厅家具图形的方法与绘制卧室家具图形的方法类似，只需要在"家具洁具布置"对话框中选择"布置客厅"图框，如图 6-60 所示；单击"确定"按钮，然后在绘图区中绘制一个矩形图框，指定客厅沙发、电视的摆放位置和方向，即可快速绘制出客厅的家具图形，效果如图 6-61 所示。

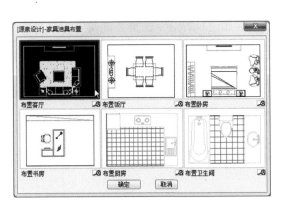

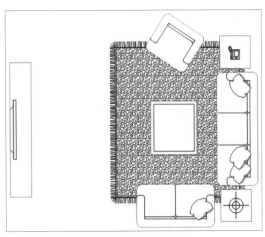

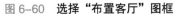

图 6-60　选择"布置客厅"图框	图 6-61　快速绘制出客厅的家具图形

6.6.3　绘制其他的家具图形

除了卧室与客厅的家具图形比较常用以外，还有一些其他家具也使用得比较多，如餐厅的桌椅板凳、书房的书桌配置、卫生间的洗浴图形等，这些图形都可以在"家具洁具布置"对话框中选择相应的图框，然后在绘图区中的适当位置指定两点进行绘制即可，操作方法都是一样的，绘制起来十分方便、快捷。

图 6-62 所示为餐厅家具图形，图 6-63 所示为卫生间的布置图形。

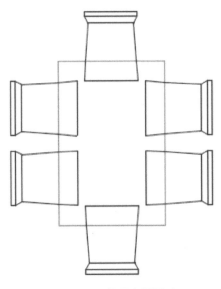

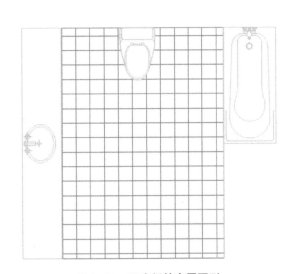

图 6-62　餐厅家具图形	图 6-63　卫生间的布置图形

6.7 快速绘制建筑符号

源泉设计插件中还提供了各种常用的建筑符号，如建筑标高、建筑坐标及索引符号等，本节将针对建筑符号进行讲解。

6.7.1 绘制建筑标高符号

标高在室内设计中的使用是非常频繁的，下面以一个立面的幕墙为例，介绍在幕墙上进行标高的操作方法，具体步骤如下：

步骤 01 单击快速访问工具栏中的"打开"按钮，打开一幅素材图形，如图 6-64 所示。

步骤 02 在菜单栏中选择"源泉设计"|"建筑符号"|"建筑符号集"命令，或者在绘图区中输入 FH（建筑符号集）命令并确认，弹出"幻灯片菜单"对话框，在其中选择"建筑标高"图框，如图 6-65 所示。

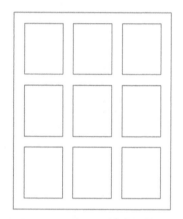

图 6-64　打开一幅素材图形

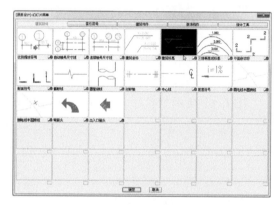

图 6-65　选择"建筑标高"图框

步骤 03 单击"确定"按钮，此时鼠标位置显示一个建筑标高符号，如图 6-66 所示。

步骤 04 通过【A】键切换至相应的幕墙标高符号，如图 6-67 所示。

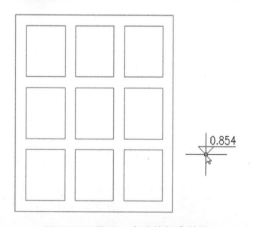

图 6-66　显示一个建筑标高符号

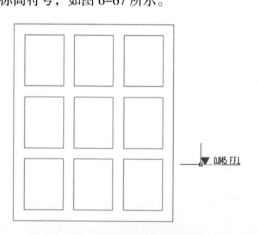

图 6-67　切换至幕墙标高符号

步骤 05　按【O】键，指定标高的原点位置，如图 6-68 所示。

步骤 06　按【T】键，拉线第一点，这一点与原点位置取同一点，如图 6-69 所示。

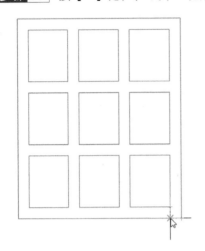

图 6-68　指定标高的原点位置

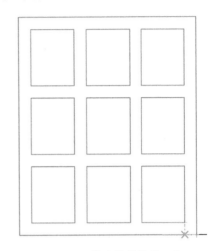

图 6-69　指定拉线的第一点

步骤 07　向上引导光标，拾取最上方直线的垂足点为拉线第二点，如图 6-70 所示。

步骤 08　执行操作后，即可批量绘制建筑标高符号，效果如图 6-71 所示。

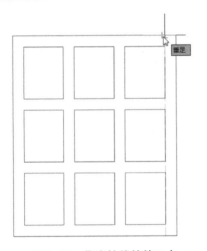

图 6-70　指定拉线的第二点

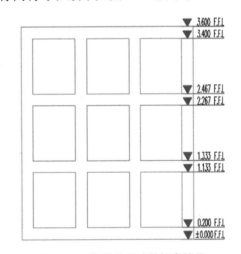

图 6-71　批量绘制建筑标高符号

6.7.2　绘制建筑索引符号

在室内设计中，有时需要对建筑的材料进行相关说明，就需要使用到索引符号，下面介绍快速绘制建筑索引符号的操作方法。

步骤 01　单击快速访问工具栏中的"打开"按钮，打开一幅素材图形，如图 6-72 所示。

步骤 02　输入 FH（建筑符号集）命令并确认，弹出"幻灯片菜单"对话框，单击上方的"索引符号"标签，切换至该选项卡，在其中选择"自设索引符 6"选项，如图 6-73 所示。

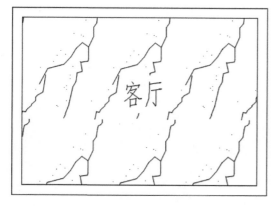

图 6-72　打开一幅素材图形

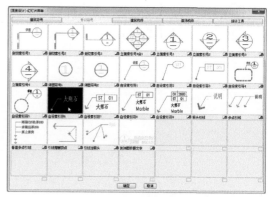

图 6-73　选择"自设索引符 6"选项

步骤 03　单击"确定"按钮，在绘图区中的适当位置绘制索引线条，弹出"用户词库管理"对话框，在其中设置"新文本"为"大理石"，如图 6-74 所示。

步骤 04　单击"确定"按钮，即可完成索引说明文字的绘制，效果如图 6-75 所示。

图 6-74　设置"**新文本**"为"**大理石**"

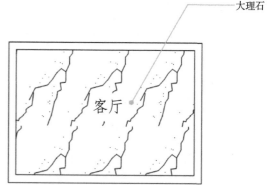

图 6-75　完成索引说明文字的绘制

6.8　快速统计面积与制作材料表

在源泉设计插件中，使用"统计工具"下面的"统计面积总面积"命令（快捷键是 **MJ**）可以快速统计出房间的总面积；使用"提取生成材料表"命令可以快速统计出材料表的内容。本节主要介绍快速统计面积并制作材料表的操作方法。

6.8.1　统计出房间总面积

下面介绍快速统计出房间总面积的操作方法，具体步骤如下：

步骤 01　单击快速访问工具栏中的"打开"按钮，打开一幅素材图形，如图 6-76 所示。

步骤 02　在菜单栏中选择"源泉设计"|"统计工具"|"统计面积总面积"命令，如图 6-77 所示，或者输入 **MJ** 命令并确认。

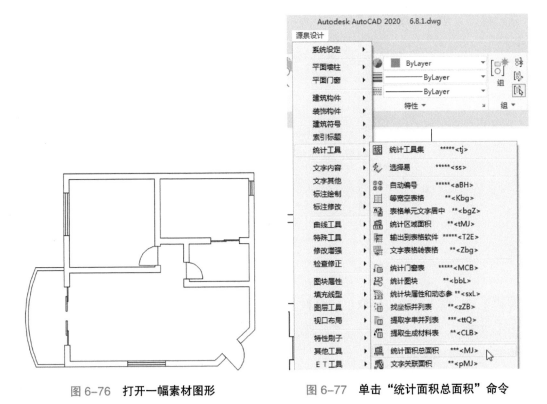

图 6-76 打开一幅素材图形 　　　　　图 6-77 单击"统计面积总面积"命令

步骤 03 弹出"统计总面积"对话框，单击"拾取闭合范围点"按钮，如图 6-78 所示。

步骤 04 在绘图区中拾取需要统计面积的房间，单击，即可快速统计出房间的总面积，效果如图 6-79 所示。

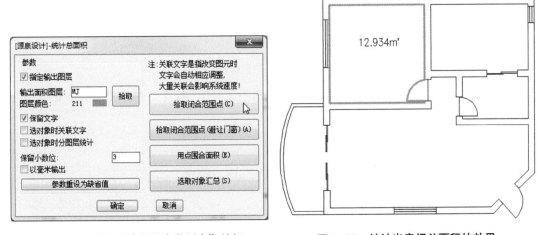

图 6-78 单击"拾取闭合范围点"按钮 　　　　图 6-79 统计出房间总面积的效果

6.8.2　快速制作材料表

在室内设计中，材料表也是图纸中比较重要的部分，使用源泉设计插件可以快速生成材料表，具体操作步骤如下：

步骤 **01** 单击快速访问工具栏中的"打开"按钮 ⌐，打开一幅素材图形，如图 6-80 所示。

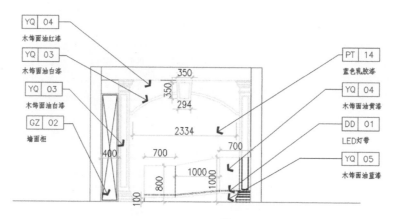

图 6-80　**打开一幅素材图形**

步骤 **02** 输入 CLB（提取生成材料表）命令并确认，在绘图区中选择材料内容，如图 6-81 所示。

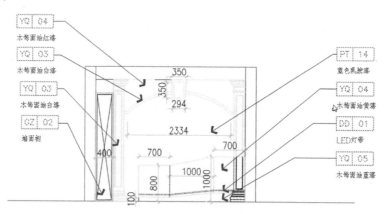

图 6-81　**在绘图区中选择材料内容**

步骤 **03** 按【空格】键确认，指定材料表的插入点，按【空格】键确认，即可快速制作出材料表，效果如图 6-82 所示。

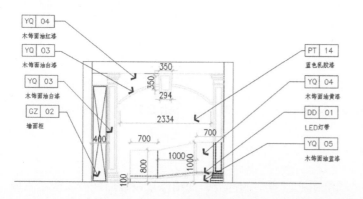

序号	材料编号	材料名称
1	DD-01	LED灯带
2	GZ-02	墙面柜
3	PT-14	蓝色乳胶漆
4	YQ-03	木饰面油白漆
5	YQ-04	木饰面油红漆
6	YQ-04	木饰面油黄漆
7	YQ-05	木饰面油蓝漆

图 6-82　**快速制作出材料表的效果**

第 7 章
CAD 工装方案的设计与讲解

　　上一章主要介绍了源泉设计插件的多种实用功能，而本章的工装设计方案主要使用源泉设计插件来绘制，可以大大提高绘图效率。本章从工装的相关介绍开始，让大家对工装有一个基本了解，然后介绍工装墙体、门窗楼梯、标高图框、墙体拆改的绘制技巧，接下来制作平面布置图、顶面布置图及工装立面图，最后讲解了打印输出的技巧。希望读者学完本章以后可以举一反三，设计出更多专业的工装方案。

 本 章 重 点

- 工装的相关介绍
- 绘制工装墙体
- 绘制门窗楼梯
- 制作标高图框
- 制作墙体拆改图

- 制作平面布置图
- 制作顶面布置图
- 制作工装立面图
- 批量打印输出

扫描二维码观看本章教学视频

7.1 工装的相关介绍

在之前的章节中，笔者详细介绍了源泉设计插件的许多实用功能与使用技巧，从本节内容开始，主要介绍工装 CAD 案例的相关知识。在学习之前，先分析一下什么是工装，以及工装与家装的区别是什么。

室内设计是一个比较火热的行业，家装和工装也成为人们口中频率比较高的词汇，但很多人并不能准确地说出家装与工装的区别。家装主要针对我们的居住空间；而工装涉及很多的公共空间，如酒店空间、购物空间、文化空间、办公空间、餐饮空间、运动空间及娱乐空间等。

家装与工装主要有 4 个方面的区别，如图 7-1 所示。

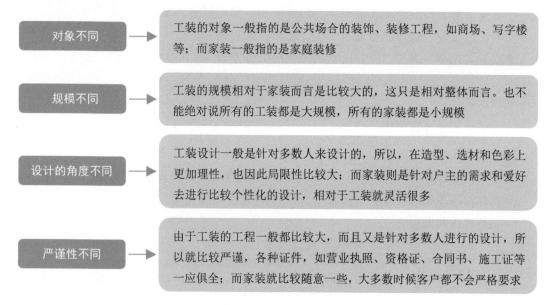

图 7-1 家装与工装主要有 4 个方面的区别

了解了工装的相关知识，接下来开始学习如何绘制工装图纸，这里绘制的是一个教育机构的工装方案，主要分为几个部分，如墙体绘制、楼梯绘制、拆改绘制及平面布置图等。

7.2 绘制工装墙体

本节主要介绍通过源泉设计插件快速绘制工装墙体的操作方法，这是本节大家学习的目标，将上一章大家学习的源泉理论知识应用于工装方案的设计中，帮助大家更好地掌握源泉设计插件的使用，具体步骤如下。

步骤 01 新建一个空白的 CAD 文件，输入 WW（画墙）命令并确认，输入 T（墙厚）命令并确认，设置 240 的墙体，绘制一条长度为 6010 的墙体，然后输入 WWO（墙净距偏移）命令并确认，将上一步中绘制的墙体向右进行偏移，偏移数值依次为 3300、3730、3660、3390、3220、3780、3630，如图 7-2 所示。

步骤 02 输入 WW（画墙）命令并确认，连接两侧墙体最上方的端点，绘制水平墙体；然后通过 WWO（墙净距偏移）命令将水平墙体向下偏移 6010，保证墙体数据的精确距离，墙体在连接过程中会自动修剪好，效果如图 7-3 所示，节约了大家的修剪时间。

图 7-2　绘制墙体并进行偏移操作

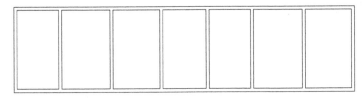

图 7-3　绘制水平墙体并进行偏移操作

步骤 03 接下来过道是 1 米 8 的宽度。将最下方的墙体向下偏移 1800，然后输入 TW（智能墙剪）命令自动连接偏移的墙体，效果如图 7-4 所示。

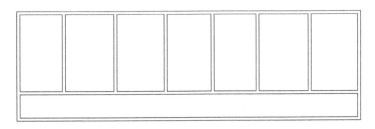

图 7-4　将墙体向下偏移 1800 并智能墙剪

步骤 04 通过 WWO（墙净距偏移）命令，将最下方的墙体向下偏移 4500，输入 TW（智能墙剪）命令并确认，输入 S（自动连接距离设置）命令并确认，弹出"智能墙剪设置"对话框，设置参数均为 5000 并确认，然后在左侧连接偏移的墙体，效果如图 7-5 所示。

图 7-5　将墙体向下偏移 4500 并智能墙剪

步骤 05 将左侧连接的墙体依次向右偏移 3300、3730、3660、3390、1991、1970、3139,最后使用 TW(智能墙剪)命令自动连接墙体;输入 EW(删除墙柱门窗)命令并确认,删除前面偏移错误的墙体,图纸效果如图 7-6 所示。

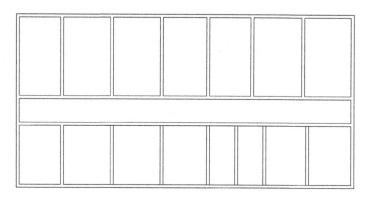

图 7-6　左侧连接的墙体向右进行偏移

步骤 06 下方两侧是过道,是没有墙体的,需要使用 EW(删除墙柱门窗)命令对墙体进行删除操作,然后使用 WW(画墙)命令重新连接墙体,效果如图 7-7 所示。

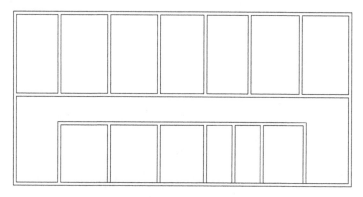

图 7-7　使用 EW 对墙体进行删除

7.3　绘制门窗楼梯

绘制好墙体之后,接下来绘制工装方案中的门窗楼梯,具体操作步骤如下:

步骤 01 输入 ADT(墙或轴线开门套门)命令并确认,根据命令行提示进行操作,输入 S(门选型)命令并确认,弹出"门套门样式"对话框,选择相应的门型,如图 7-8 所示。

步骤 02 单击"确定"按钮,输入 W(改门洞、门垛宽)命令并确认,弹出"门洞、门垛宽"对话框,统一设置为 900 的门洞、300 的门垛,如图 7-9 所示,单击"确定"按钮。

步骤 03 将光标移至需要插入门的位置,单击,然后指定门的方向,即可绘制门套门,将图层中门的黄色更改为绿色 134,效果如图 7-10 所示。

步骤 04 用与上述同样的方法,在隔壁房间也绘制一个门套门,效果如图 7-11 所示。

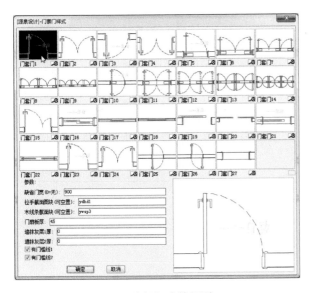

图 7-8　选择相应的门型

图 7-9　设置门洞、门垛宽

图 7-10　绘制门套门并更改图层颜色

图 7-11　在隔壁房间也绘制一个门套门

步骤 05　用与上述同样的方法，在其他房间位置绘制门套门，效果如图 7-12 所示。

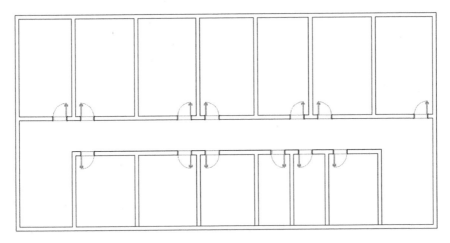

图 7-12　在其他房间位置绘制门套门

步骤 **06** 接下来绘制窗户。输入 WD（墙或轴线开参数窗）命令并确认，输入 W（改窗洞、垛宽）命令并确认，弹出"窗洞/窗垛宽"对话框，选择"在墙体中央开洞"复选框，单击"确定"按钮，然后在墙体的相应位置绘制窗户，效果如图 7-13 所示。

步骤 **07** 最左侧的窗户大小和位置不对，需要进行修改。输入 CW（修改门窗宽度）命令并确认，选择最左侧的窗户，弹出"输入窗洞宽"对话框，选择 1000 并确定，即可修改窗户宽度；输入 VX（移动并修正）命令并确认，调整窗户的大小和位置，效果如图 7-14 所示。

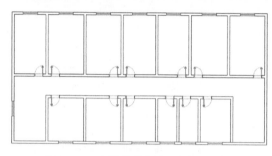

图 7-13　在墙体的相应位置绘制窗户

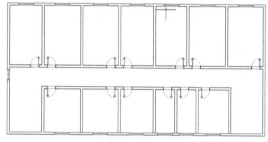

图 7-14　调整窗户的大小和位置

步骤 **08** 接下来绘制楼梯。首先使用 EW（删除墙柱门窗）命令删除不需要的墙体；然后使用 TW（智能墙剪）命令自动连接墙体，如图 7-15 所示。

步骤 **09** 输入 GJ（建筑构件集）命令，弹出"幻灯片菜单"对话框，选择"楼梯间平面"样式，如图 7-16 所示，单击"确定"按钮。

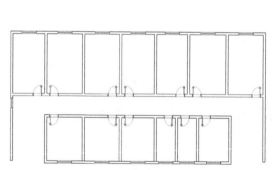

图 7-15　删除不需要的墙体

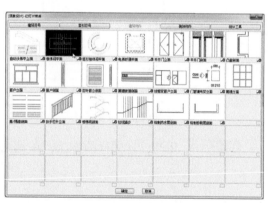

图 7-16　选择"楼梯间平面"样式

步骤 **10** 弹出"绘制矩形楼梯间平面"对话框，设置"楼梯总宽"为 3300、"休息平台宽"为 1200，选择"成为编组"复选框，如图 7-17 所示，单击"确定"按钮。

步骤 **11** 在绘图区中指定楼梯图形的插入点，即可绘制楼梯，将图层的黄色更改为绿色，方便我们查看图形，因为默认的黄色线条在白色背景上不明显，调整后的效果如图 7-18 所示。

步骤 **12** 用与上述同样的方法，绘制右侧的楼梯效果，如图 7-19 所示。

步骤 **13** 接下来制作管道井图形。执行 REC（矩形）命令并确认，绘制一个 400×600 的矩形，如图 7-20 所示。

步骤 14 打开素材文件 "7.3　消防图例素材 .dwg"，这是消防栓与配电箱图例，将其复制并粘贴至当前绘图窗口中，然后移至相应的位置，效果如图 7-21 所示。

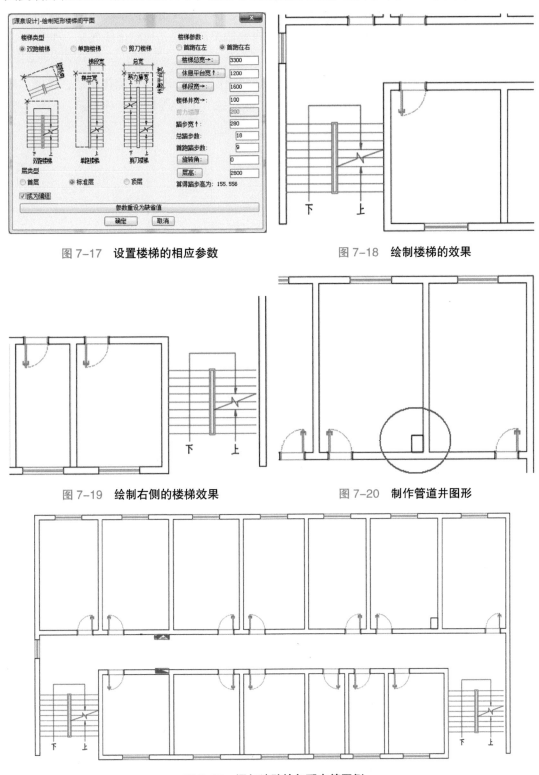

图 7-17　设置楼梯的相应参数　　　　　　图 7-18　绘制楼梯的效果

图 7-19　绘制右侧的楼梯效果　　　　　　图 7-20　制作管道井图形

图 7-21　添加消防栓与配电箱图例

7.4 制作标高图框

绘制好墙体、门窗、楼梯以后，接下来绘制梁，然后制作标高图框，具体步骤如下：

步骤 01 输入 AX 命令并确认，使用轴线来绘制梁，主要是得到虚线效果，如图 7-22 所示。

步骤 02 输入 ERD 命令并确认，单独选择墙图层，框选所有的墙体图层，选择"源泉设计"|"平面墙柱"|"求墙中轴线"命令，然后输入 ERAA 取消单独显示，即可绘制出所有墙体的中轴线，效果如图 7-23 所示。

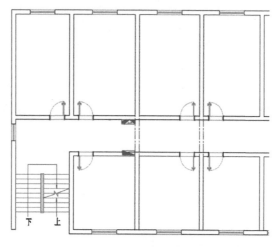

图 7-22　使用轴线来绘制梁

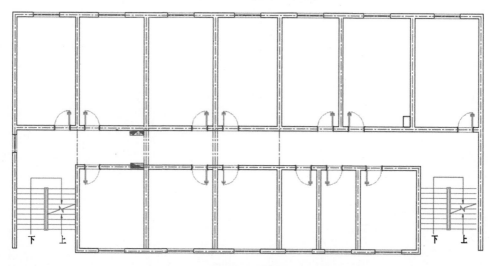

图 7-23　绘制出所有墙体的中轴线

步骤 03 选择"源泉设计"|"平面墙柱"|"画方柱子"命令，根据命令行提示进行操作，输入 S 并确认，修改尺寸为 450、600 并确认，在图纸中的合适位置绘制方柱子；绘制完成后，输入 ERD 命令，只显示中轴线，只保留两根梁，其他的中轴线全部删除；输入 ERAA 命令取消单独显示，效果如图 7-24 所示。

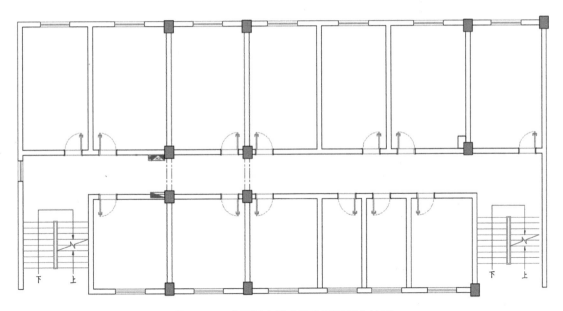

图 7-24　**在图纸中的合适位置绘制方柱子**

步骤 04　接下来绘制标高。输入 BG（建筑标高）命令并确认，通过【A】键快速切换标高样式，在绘图区中的合适位置绘制建筑标高，效果如图 7-25 所示。

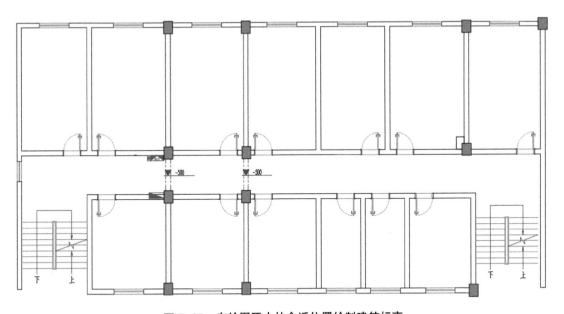

图 7-25　**在绘图区中的合适位置绘制建筑标高**

步骤 05　接下来绘制尺寸标注。输入 ERD 命令并确认，选择墙体并确认，单独显示墙体；输入 DDQ（快速标注）命令并确认，框选墙体对象，即可快速标注尺寸；输入 DD（水平垂直标注）命令并确认，绘制总尺寸；输入 ERAA 命令取消单独显示，效果如图 7-26 所示。

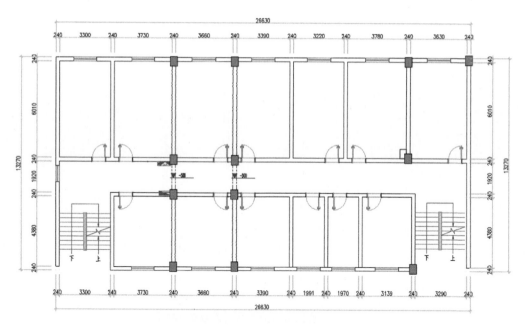

图 7-26　绘制尺寸标注

步骤 06　接下来绘制图框、图例说明。输入 TK（绘制图框）命令并确认，弹出"绘制图框"对话框，选择 A3 单选按钮和"全宽图签"单选按钮，单击"确定"按钮，在图纸中添加图框效果；打开"7.4　图框图例素材 .dwg"素材文件，将图例说明复制并粘贴至图纸中，调整其位置，最终效果如图 7-27 所示。

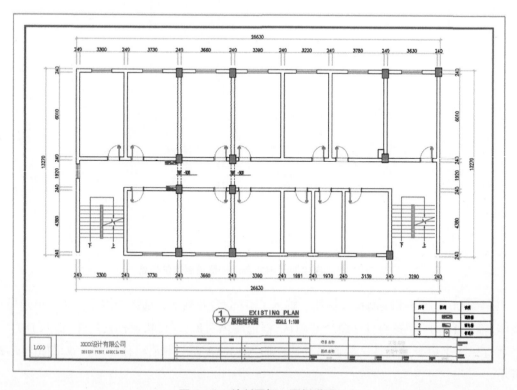

图 7-27　绘制图框、图例说明

7.5 制作墙体拆改图

绘制完第一张原始结构图之后，接下来绘制墙体拆改图，这里的拆改主要是会议室打通了 3 个房间，具体的墙体拆改步骤如下：

步骤 01 复制一张图纸，按【Delete】键删除不需要的梁与门图形；输入 REC（矩形）命令绘制多个矩形，表示需要拆除的墙体对象；输入 ERK 命令并确认，弹出"设置转换颜色快捷键"对话框，设置"最大键值"为 1，单击"确定"按钮，然后选择刚绘制的矩形，输入 1 并确认，将需要拆除的墙体修改为红色，即可在不改变图层的情况下改变线条的颜色，如图 7-28 所示。

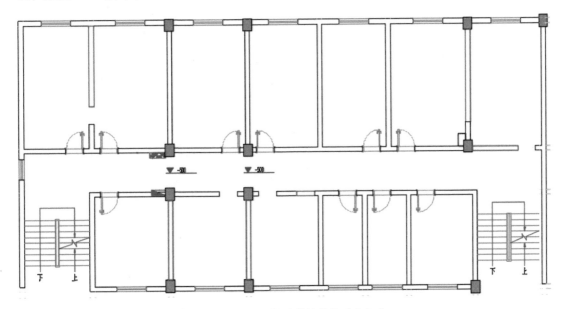

图 7-28　**将需要拆除的墙体修改为红色**

步骤 02 输入 H（图案填充）命令并确认，对拆除的墙体进行填充，设置"图案填充颜色"为黑色、"填充图案比例"为 40，表示需要拆除的墙体；使用 DD（水平垂直标注）命令对拆改的墙体进行标注；打开素材"7.5　图例说明素材 .dwg"，将图例说明内容复制并粘贴至当前绘图区中，如图 7-29 所示，完成墙体拆改图的设计。

步骤 03 接下来制作砌墙尺寸图。通过 CO（复制）命令对"拆改尺寸图"进行复制操作，将需要拆除的墙体全部删除；输入 REC（矩形）命令并确认，绘制两块砌墙，修改线型颜色为 5 号蓝色线，如图 7-30 所示。

步骤 04 输入 H（图案填充）命令并确认，对新建的墙体填充为"AR-BRSTD"图案，设置"图案填充颜色"为黑色、"图案填充比例"为 2，效果如图 7-31 所示。

步骤 05 在右侧拆除的墙体位置绘制一个门套门，制作相应的图例说明内容，墙体拆改图的最终效果如图 7-32 所示。

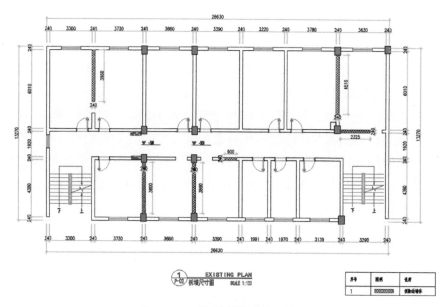

图 7-29　对拆除的墙体进行填充

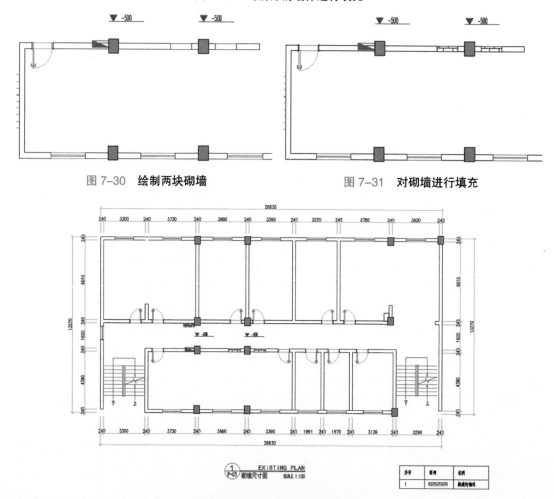

图 7-30　绘制两块砌墙

图 7-31　对砌墙进行填充

图 7-32　墙体拆改图的最终效果

7.6　制作平面布置图

在制作平面布置图时，需要掌握哪些呢？首先是柜子、窗帘这些家具的快速制作；然后是快速导入工装的一些平面布置模型素材，下面介绍具体的操作方法。

步骤 01　复制一张图纸，在图纸左上角，将直线向上偏移 850，然后绘制一条竖直线；输入 GZ（简易柜子平面）命令并确认，弹出"简易柜子平面"对话框，选择"组合柜模式"单选按钮，设置"厚度"为 240，如图 7-33 所示，单击"确定"按钮。

步骤 02　在绘图区指定竖直线的上下端点，绘制简易组合柜子；用与上述同样的方法，在下方绘制一个单个柜，效果如图 7-34 所示。

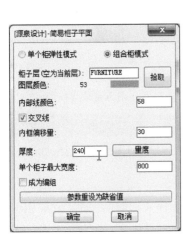

图 7-33　"简易柜子平面"对话框

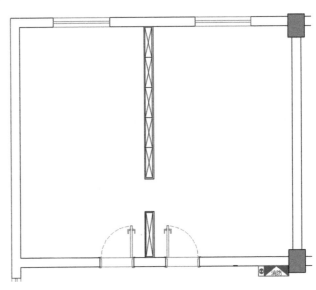

图 7-34　在下方绘制一个单个柜

步骤 03　用与上述同样的方法，制作图纸右上角位置的书柜效果，上面绘制组合柜子，下面绘制单个柜，效果如图 7-35 所示。

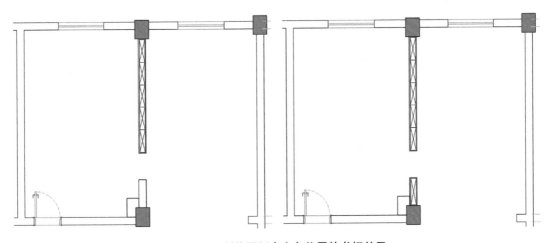

图 7-35　制作图纸右上角位置的书柜效果

步骤 **04** 接下来制作窗帘。输入 CLP（窗帘平面）命令并确认，在适当位置指定两点绘制窗帘，通过【A】键更改窗帘的样式，效果如图 7-36 所示。

步骤 **05** 接下来导入会议桌、沙发等模型。打开素材文件"7.6 平面模型素材 .dwg"，将会议桌与沙发复制到图纸的左上角，效果如图 7-37 所示。

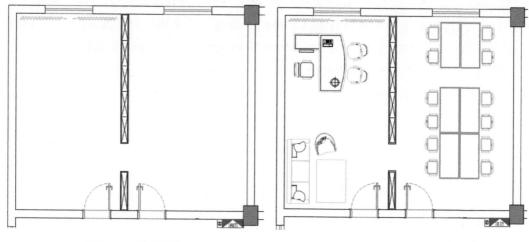

图 7-36 绘制窗帘　　　　　　　　　　　　　　图 7-37 导入会议桌模型

▶ 专家指点

这里只是简单介绍了绘制窗帘的方法，大家可根据实际需要，用同样的方法在相应的房间绘制窗帘即可。

步骤 **06** 用与上述同样的方法，在图纸中的其他位置导入相应的模型，效果如图 7-38 所示。大家还可以通过源泉设计插件中的装饰构件来添加家具模型，在第 6 章中详细介绍了装修构件的添加方法，这里不再重复介绍。

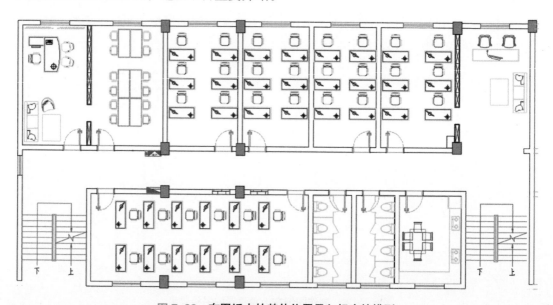

图 7-38 在图纸中的其他位置导入相应的模型

步骤 07 接下来计算房间面积。输入 ERD 命令并确认，单独选择墙图层并确认，只显示所有的墙体图层，通过 REC 命令绘制一个矩形；通过 MJ 命令计算矩形内的面积以得到房间的面积；通过 ERAA 显示所有图层，得到房间的总面积。用与上述同样的方法，统计出其他房间的面积，效果如图 7-39 所示。

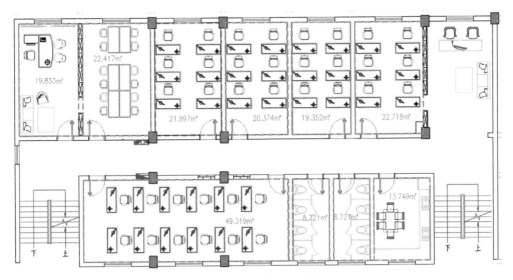

图 7-39　统计出其他房间的面积

步骤 08 输入 TT（输入单行文本）命令并确认，在每个房间输入房间名称，如校长室、会议室、教室等，效果如图 7-40 所示。

步骤 09 输入 TCC（参数及幻灯片填充）命令并确认，弹出"参数填充"对话框，通过该对话框对每个房间的地面进行填充，选择相应的瓷砖效果与填充颜色即可，可以通过 ERD 与 ERAA 命令结合使用，地砖的填充效果如图 7-41 所示。关于索引标记与材料表的制作，大家可以结合前面章节的方法进行操作，这里没有再单独讲解。

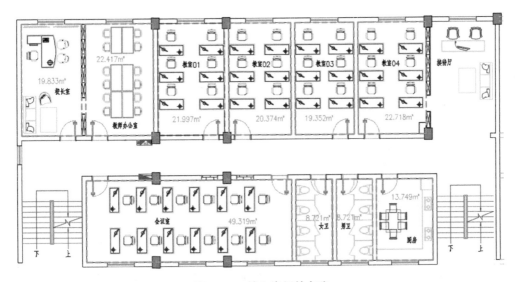

图 7-40　输入房间的名称

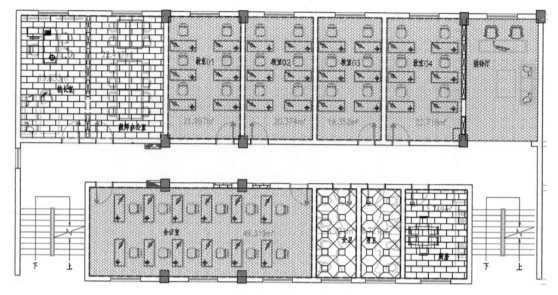

图 7-41　对每个房间的地面进行填充

7.7　制作顶面布置图

绘制完平面布置图之后，接下来绘制顶面布置图，如吊顶、灯具、标高、尺寸，具体操作步骤如下：

步骤 01　将"砌墙尺寸图"进行复制粘贴，修改名称为"顶面布置图"，删除图纸中的门对象，然后使用 REC（矩形）命令绘制相应的装饰面，以绿色线条表示，方便对房间进行吊顶装饰处理，如图 7-42 所示。

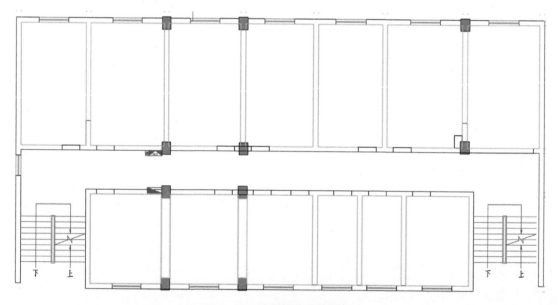

图 7-42　绘制相应的装饰面

步骤 02 首先绘制会议室上面的灯管。执行 L（直线）命令并确认，绘制辅助线；执行 O（偏移）命令并确认，上下各向中间偏移 400、150、200，如图 7-43 所示。

步骤 03 输入 DIV（定数等分）命令并确认，选择最上方偏移 200 的直线，定数等分 4 段，设置点样式，效果如图 7-44 所示。

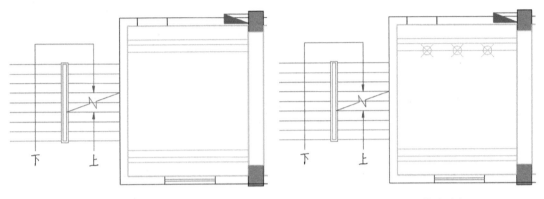

图 7-43　**偏移直线**　　　　　　　图 7-44　**定距等分对象**

步骤 04 执行 L（直线）命令并确认，绘制 3 条垂直线；再横向绘制一根中轴线，如图 7-45 所示。

步骤 05 执行 TR（修剪）命令并确认，对直线进行修剪操作，形成灯管的样式，如图 7-46 所示。

步骤 06 接下来将单线变成双线。选择"源泉设计"|"特殊工具"|"单线变双线"命令，弹出"输入双线厚"对话框，设置厚度为 200，单击"确定"按钮，选择修剪后的 3 条垂直线，按【空格】键确认，即可将单线变成双线，如图 7-47 所示。

步骤 07 通过 L（直线）命令对图形封口，通过 TR（修剪）命令对图形进行修剪，效果如图 7-48 所示。

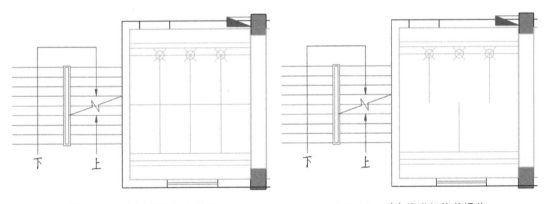

图 7-45　**绘制直线与中轴线**　　　　图 7-46　**对直线进行修剪操作**

步骤 08 打开素材文件"7.7　灯具素材 .dwg"，将灯管素材复制并粘贴到相应位置，效果如图 7-49 所示。

步骤 09 用与上述同样的方法绘制出会议室中的其他灯管，效果如图 7-50 所示。

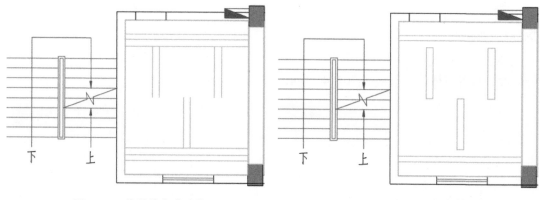

图 7-47　将单线变成双线　　　　　　　　图 7-48　对图形进行修剪

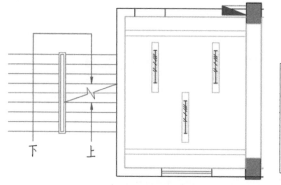

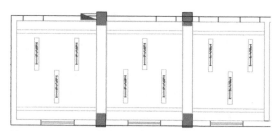

图 7-49　将灯管素材复制并粘贴到相应位置　　　图 7-50　绘制出会议室中的其他灯管

步骤 10　在图纸中绘制相应辅助线，将"7.7　灯具素材 .dwg"素材文件中的其他灯具图形复制并粘贴至图纸中的合适位置，效果如图 7-51 所示。

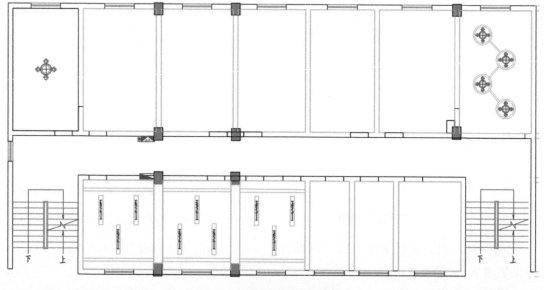

图 7-51　复制粘贴灯具图形

步骤 11　输入 TCC（参数填充）命令并确认，弹出"参数填充"对话框，选择"间隙矩形"图案，设置"间距 a"为 1300、"间距 b"为 120、"间距 c"为 1300、"间距 d"为 120，单击"确定"按钮，在绘图区中填充相应房间，作为房间的吊顶装饰，将填充图案的线条设置为黑色，效果如图 7-52 所示。

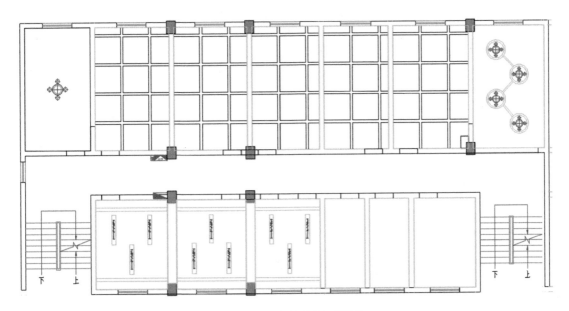

图 7-52　绘制房间的吊顶装饰

步骤 12　输入 TCC（参数填充）命令并确认，弹出"参数填充"对话框，选择"双横线"图案，设置"间距 a"为 600、"间距 b"为 300、"旋转角度"为 90 度，单击"确定"按钮，在绘图区中填充女卫、男卫、厨房等房间，效果如图 7-53 所示。

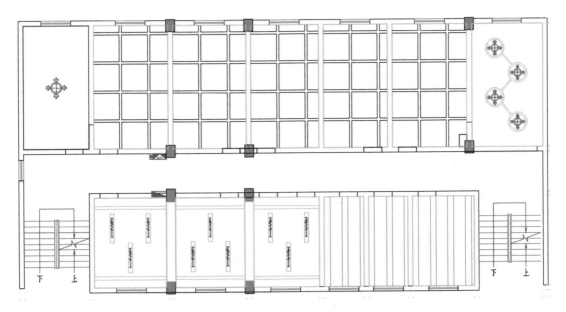

图 7-53　填充女卫、男卫、厨房等房间

步骤 **13** 用与上述同样的方法，制作其他房间与过道的吊顶效果，将"7.7 灯具素材 .dwg"素材文件中的相关灯具图形复制并粘贴至图纸中的合适位置，对图纸的最终效果进行完善与修改，效果如图 7-54 所示。

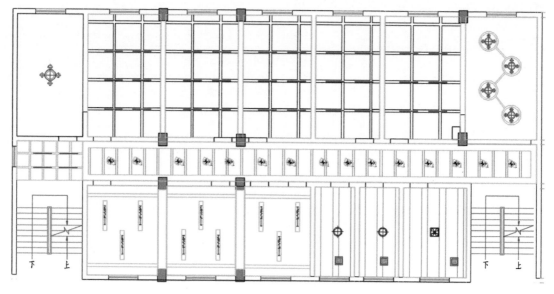

图 7-54 制作其他房间与过道的吊顶效果

步骤 **14** 接下来进行标高与尺寸标注。输入 BG（建筑标高）命令并确认，通过【A】键快速切换标高样式，在绘图区中的合适位置绘制建筑标高；输入 DD（水平垂直标注）命令对灯管等图形进行标注，顶面布置图的最终效果如图 7-55 所示。

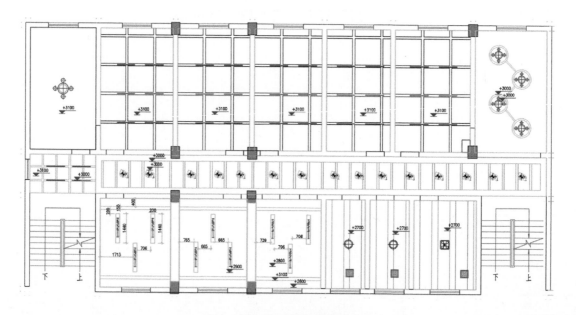

图 7-55 顶面布置图的最终效果

7.8 制作工装立面图

本节开始学习立面图，立面图是很多读者的一个痛点和难点，主要体现在三个方面：第一，立面图不知道从何入手；第二，立面图应该怎么制作才专业、规范；第三，立面图结构该如何表达等。

本节主要以绘制书柜的立面图为例，结合源泉设计中的一些实用功能，教大家进行工装立面图的绘制，具体操作步骤如下。

步骤 01 选择"源泉设计"|"特殊工具"|"切割提取大样图"命令，框选需要进行立面图绘制的书柜部分图形，将其移至空白的图纸位置，如图 7-56 所示。

步骤 02 执行 RO（旋转）命令并确认，对书柜进行旋转操作，使其横向显示图形，如图 7-57 所示。

图 7-56 **提取需要绘制立面图的部分**　　图 7-57 **对书柜进行旋转操作**

步骤 03 执行 L（直线）命令绘制出书柜的宽度，最左侧为墙体厚度，在最下面绘制一条底线；执行 O（偏移）命令并确认，向上偏移 3100，这是墙体的总高度，如图 7-58 所示。

步骤 04 执行 TR（修剪）命令，按【空格】键确认，对书柜立面图中多余的线条进行修剪，效果如图 7-59 所示。

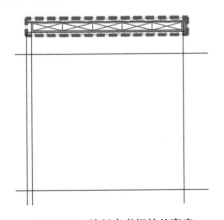

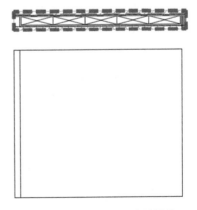

图 7-58 **绘制出书柜的总高度**　　图 7-59 **对图形进行修剪操作**

步骤 05 执行 O（偏移）命令并确认，选择最下方的直线，向上偏移 2400，这是书柜的高度，如图 7-60 所示，2 米 4 以上是石膏板的填充，上面是顶面，左侧是墙面。

步骤 06 接下来对墙面进行填充。执行 H（图案填充）命令并确认，选择"钢筋混凝土"图案，对墙面进行填充，设置"填充图案比例"为 20，效果如图 7-61 所示。

步骤 07 接下来对顶面的石膏板进行填充。执行 H（图案填充）命令并确认，选择 CROSS 图案，对顶面进行填充，设置"填充图案比例"为 20，效果如图 7-62 所示。

步骤 08 接下来绘制书柜立面的造型。将底面的直线向上偏移 500，书柜底面是一排封闭的玻璃柜门，所以要抬高 500，再绘制书柜的造型。输入 DIV（定距等分）命令并确认，将偏移的直线分成 5 段，设置相应的点样式，如图 7-63 所示。

步骤 09 执行 L（直线）命令并确认，通过点样式绘制垂直直线，如图 7-64 所示。

步骤 10 接下来将单线变双线。执行 XXD（单线变双线）命令并确认，弹出"输入双线厚"对话框，设置厚度为 30，单击"确定"按钮，选择绘制的 4 条垂直直线并确认，即可将单线变成双线，效果如图 7-65 所示。

步骤 11 在左侧绘制一根辅助线，输入 DIV（定距等分）命令并确认，将垂直直线分成 4 段，执行 L（直线）命令并确认，通过点样式绘制水平直线，如图 7-66 所示。

步骤 12 删除点样式，执行 TR（修剪）命令并确认，对绘制的直线进行修剪操作，然后选择相应的单线，通过 XXD（单线变双线）命令将单线变成双线，效果如图 7-67 所示。

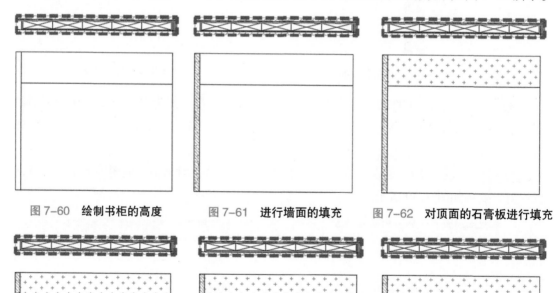

图 7-60 绘制书柜的高度　　图 7-61 进行墙面的填充　　图 7-62 对顶面的石膏板进行填充

图 7-63 将偏移的直线分成 5 段　　图 7-64 通过点样式绘制垂直直线　　图 7-65 将单线变成双线

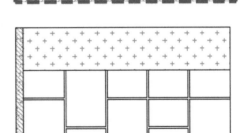

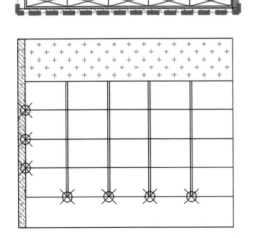

图 7-66　通过点样式绘制水平直线

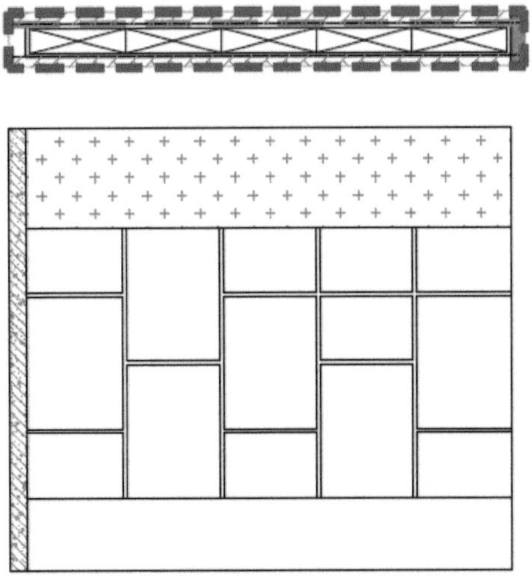

图 7-67　修剪线段将单线变成双线

步骤 13　执行 O（偏移）命令并确认，将顶面直线向下偏移 30；执行 TR（修剪）命令并确认，对图形进行修剪操作，完善书柜立面图，效果如图 7-68 所示。

步骤 14　接下来对书柜进行标注。选择"源泉设计"|"标注绘制"|"立面柜子标注"命令，选择横向的书柜线条，如图 7-69 所示。

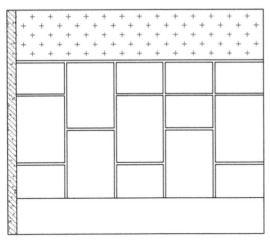

图 7-68　对图形进行修剪操作

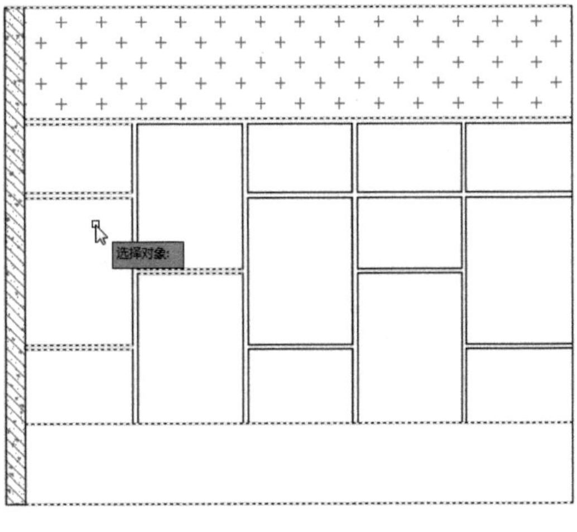

图 7-69　选择横向的书柜线条

步骤 15　连续按两次【空格】键确认，即可标注横向水平线的书柜尺寸，如图 7-70所示。

步骤 16　用与上述同样的方法，使用"立面柜子标注"命令标注垂直线的书柜尺寸，效果如图 7-71 所示。

步骤 17　最后绘制柜子底面的一排封闭的柜门。通过 DVI（定距等分）命令分成 5 段；通过 L（直线）命令绘制 5 段垂直线；通过 XXD（单线变双线）命令，将单线变成双线；通过 L（直线）命令绘制封闭的图案，设置为灰色线条，效果如图 7-72 所示。

步骤 18　通过 C（圆）命令绘制简单的柜门把手，至此，完成书柜立面图的制作，效果如图 7-73 所示。关于图框、标高、引线、材料等符号的绘制，可以根据前面介绍的操作方法，结合实际情况自行添加与绘制，这里不再讲解。

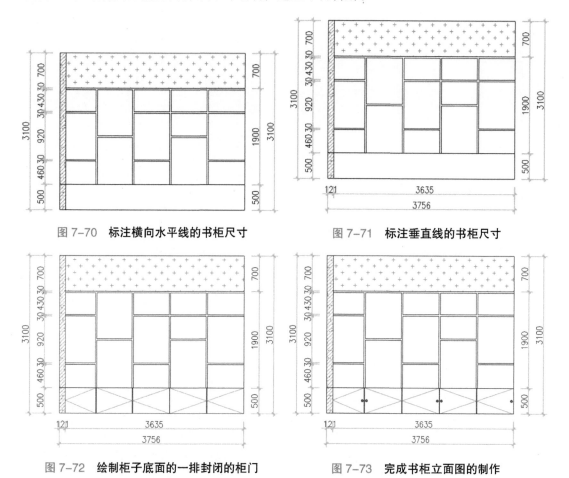

图 7-70　标注横向水平线的书柜尺寸　　　　图 7-71　标注垂直线的书柜尺寸

图 7-72　绘制柜子底面的一排封闭的柜门　　　图 7-73　完成书柜立面图的制作

7.9　批量打印输出

图纸绘制完成后，接下来进行批量打印输出，源泉设计插件中提供了一种快捷的批量打印方法，快捷命令是 BPT。下面介绍具体的打印方法。

步骤01　图纸绘制完成后，输入 BPT（批量打印）命令并确认，弹出"批量打印"对话框，在其中选择相应的打印机，设置打印的纸张类型，选择打印样式等，单击"确定"按钮，如图 7-74 所示。

▶ 专家指点

如果是在布局空间中需要对图纸进行打印，首先需要新建一个图纸集，通过图纸集来管理多张布局空间中的图纸，然后执行图纸的批量打印操作。

步骤02　返回绘制区中，框选多张需要打印的图纸，被选中的图纸上显示打印序号，如图 7-75 所示。

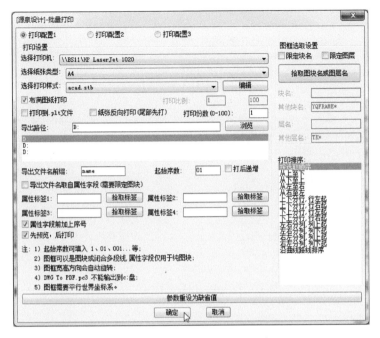

图 7-74　设置批量打印的相关选项

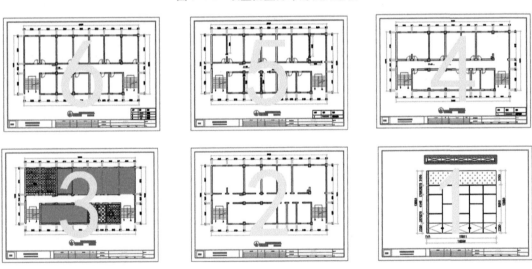

图 7-75　被选中的图纸上的显示打印序号

步骤 03　确认无误后，在空白位置单击，弹出"提示"信息框，单击"确定"按钮，如图 7-76 所示，即可开始打印模型空间中的图纸。

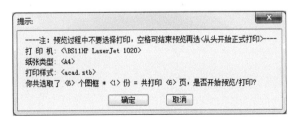

图 7-76　单击"确定"按钮，开始打印图纸